知心書

書知

太聪明所以不幸福？

TROP INTELLIGENT POUR ÊTRE HEUREUX?

Jeanne Siaud-Facchin

[法] 让娜·西奥-法金 著 梅涛 译

生活·讀書·新知 三联书店 生活書店出版有限公司

图书在版编目（CIP）数据

太聪明所以不幸福？/［法］让娜·西奥－法金 著；梅涛 译.— 北京：生活书店出版有限公司，2015.11（2016.2重印）（2016.4重印）(2017.2 重印)（2018.1 重印)（2018.5 重印)(2018.10 重印)(2019.7 重)(2021.4重印)

ISBN 978-7-80768-119-9

I．①太… II．①让…②梅… III．①幸福－通俗读物
IV．①B82-49

中国版本图书馆 CIP 数据核字（2015）第 212698 号

策　　划　李　娟
责任编辑　李　娟
封面设计　视觉共振设计工作室
版式设计　申设计
责任印制　常宁强
出版发行　生活書店出版有限公司
　　　　　（北京市东城区美术馆东街22号）
图　　字　01-2015-3001
邮　　编　100010
经　　销　新华书店
印　　刷　捷鹰印刷（天津）有限公司
版　　次　2015年11月北京第1版
　　　　　2021年4月北京第9次印刷
开　　本　880毫米×1230毫米　1/32　印张11
字　　数　210千字
印　　数　51,001-54,000册
定　　价　42.00元
（印装查询：010-64052066；邮购查询：010-84010542）

致读者信

亲爱的读者们：

很高兴又与你们见面，但不得不承认我有点担心。你们给予我的第一本书《资优儿童》（*L'Enfant Surdoué*）如此热情洋溢的赞许令我担心新作会让你们失望，担心我无法达到你们期许的高度。现在的这本书有点像大家热切期待的、曾经喜欢的某部电影的第二季或某本书的第二卷，但可能又一次无法吸引公众的目光。然而，很多读者问我，何时再出第二本书？经过多年的研究，加上最新的探索，这本书终于面世了。其中蕴含着我最新的想法和理解。

这本书延续了我对于资优人群的理解与研究，包括他们的特点、丰富性和脆弱性，但这也是时间上的延续。在儿童时期之后，在叛逆的青少年时期之后，便是成人期。那么这些不同寻常的儿童在经历了有时比较混乱的成长过程之后，到底会成为怎样的人？这些儿童在成长过程中经常会遇到不期而至的阻碍、失望以及惨痛的失败。

具有异于常人的人格的成年人会如何生活？他们如何处理这种可能招致痛苦结果的超凡智力？他们如何处理这种自己极其希望抑制的敏感？他们如何构建与自己相似而在其间感觉自如的生活？这些可以实现吗？如果可以的话，那么如何实现或者需要付出什么代价？我们将面对一个棘手而重要的问题：一个资优成年人是否可以得到幸福？

“早熟”这个概念在儿童期具有一定意义，但在这个时期过去后，一个成年人如何自认为是“资优者”？怎么敢？如何相信？尽管他们总是本能地认为自己与别人不完全相同，尽管他们觉得总是存在差距，尽管他们感觉自己不被他人理解，一个成年人如何构建自己的形象？他们可以赋予自己的过去以何种意义？他们如何理解自己变成了怎样的人？他们如何面对自己如此奇特而又不同的资优者身份？

这些曾是我第一本关于资优儿童的书出版时最令我惊讶的。我必须向你们坦白，当我在写第一本书的时候，我脑子里只想着这些资优儿童的父母以及期望对此有更多了解的教员，但我从未想过资优成年人也会阅读此书。换言之，那些可以在其中找到自己痕迹的资优成年人，我从未想过这本书会触动他们，会使他们不安。我也从未想过某些没有孩子的成年人会买我的书，并且带有某种秘密的、几乎害羞的想法，认为通过这本书也会发现自己的影子。那些因为阅读这本书而被震动、感觉激动、认为自己被改变的成年人给我写的信让我也深受触动。这几乎在我意料之外，因此我又重读了这本书以便有更好的理解。是的，我又有了一些新的想法：我在谈论儿童，但是那个我们曾经是的儿童在现在的我们身上留下了痕迹。在自己身上发现这个儿童的影子，就是寻找我们身份的一部分，而这是我们有时会忽视的，或者我们曾经不理解的，抑或是经常不被他人理解的。与我们自己的这一部分重新建立联系是一件让人放心的事。最终我们会感觉到自己属于那个过去的自己，现在的自己以及我们经常隐约感觉到的自己，虽然不是完全相信，因为好像没有人愿意承认这件事。

此后，我见过很多成年人，其中有一些是我的患者的父母，他们通过自己孩子的经历和诊断，发现了自己的影子并因此对他们自己的过去有了截然不同的看法。

这就像一个反向的自我认同过程：通常情况下，应该是孩子在成长过程中与父母越来越像。而在那些谈论孩子或向家长解释孩子行为方式的诊断过程中，反而是父母认识了自己并越来越像他们的孩子。这是在诊断当下发现的非常有趣并值得关注的现象。这就好像是父母过去的一种“沉淀物”（这里用的是这个词的化学意义），就好像他们在通过凝缩人生中的所有事件、时刻和情绪而快速阅读自己的人生，就好像我直接在谈论他们自己的生活。在这样的情况下，父母很难与他们自己重建联系。他们偏离太远，过多考虑自己。因此，我必须在第一时间，慢慢地将他们带回诊断现实：是因为孩子，他们才在这里。对于父母而言，如果他们愿意，我们可以以后再谈。

我也遇到过一些在人生过程中遭遇挫折的成年人。

他们在路途中偶拾我的书，他们需要理解、了解并重新认识他们的过去，从而赋予他们的生活以新的意义、新的方向。

这才有了这本新书的出版。这是第一本为成年资优者写的书。这本书要送给那些相信我并且希望对此问题有进一步了解的读者。我非常愿意与你们一道并肩前行。

本书仍将继续谈论儿童、青少年，从而可以更好地理解现在的成年人，也可以通过对照我们目前的状况去探索成长的轨迹。我目前的经验让我明白，“重读”过去并弄清楚目前的状况是不可避免的步骤。高智商赋予了整个人格以更加丰富的特点，也让我们对世界、对自己有了不一样的看法，忽视这一维度会让我们与自己的生活擦肩而过，我认为我们无权忽视它。而作为专业人士的我们，有义务意识到这一点，从而帮助每一个人获得属于他的幸福，独一无二的幸福。

这本书也属于你们，我将那些从你们身上明白的东西分享给大家。我很高兴有这一次新的相遇。感谢你们的信任，感谢我所有的患者（无论是成年人还是儿童），是他们推动我完成此书，是他们鼓励我继续不断思考、前进、探索，鼓励我像他们一样理解！

目 录

第三章 从儿童到成年：构建自我，困难重重

第四章 发现自己是资优者

第五章 各方面均令人出乎意料的人格

第六章 成年资优者的困难

第七章 女性资优者

第八章 夫妻: 物以类聚，人以群分?

第九章 一切顺利的资优者？

第十章 如何才能一切顺利？

第一章

“资优”意味着什么?

Être surdoué, qu'est-ce que ça veut dire?

资优者：你是谁？

“资优者”难道仅仅是一个时髦的话题吗？有时候媒体带来的放大甚至是扭曲的效应会让人们相信这是一类所谓“蘑菇”人群（隐喻出类拔萃的人群），由寻找自我满足的父母或对“超级大脑”感兴趣的心理学家打造而成。

事实是，对于这个我们曾认为能够接受一切的人群的关注是最近才开始盛行的。

发生了什么事呢？这归结于若干原因：儿童和青少年心理问诊的数量增多，以及心理检查普及化。我们得到一个令人不安的观察结果：有一些智商较高的儿童却出现较严重的学业问题，并且有着严重的心理障碍；而另一些则出现行为紊乱和社会适应问题，导致对他们的教育变得棘手。至于那些对自己孩子的发展或对自己成长过程中出现的偏差比较敏感的成年人，因为要解决自己的困难和苦恼，客观上扩大了心理咨询的队伍。

他们的共同点是什么？他们都表现为资优人群而且需面对很多困难。他们都智力过人，并一直在寻找解决自己苦恼、生活问题、融入他人问题以及成功问题的办法。

最近几年，出现了一些大学和科学研究团体，国民教育部门也采取了一些措施，在医学界也出现了一些小范围的培训……然而，对于这些一直在寻求被他人理解、寻求陪伴、寻求帮助的儿童或成年人，却鲜有具体的建议和措施。

尤其是有一种趋势认为，资优者是一类具有特殊天分的人，而且这种趋势极其普遍且为大部分人所接受。

那么如何解释和接受这样一种让资优者在成长过程中备受煎熬的悖论，即高智力与心理脆弱之间的关系？

这是一种奇怪的关系。极端的思想和极端的痛苦难道打开的是同样的视野？难道痛苦最终意味着思考？

——莫里斯·布朗肖[1]

人们搞错的：智力和成就。

人们混淆的：能力和成功。

---

1 莫里斯·布朗肖（Maurice Blanchot），《未来之书》（*Le Livre à Venir*），Gallimard 出版社，1959 年。——作者注

人们重叠的：潜力和智力效率。

人们联系在一起的：数量上比较高且适应环境要求的智力（高于标准的智力），和质量上有区别且其运行模式可能导致痛苦和失败的智力，即资优者的智力（聪明方式与他人不同）。

人们忘记的：理解、分析、记忆迅速不等于与生俱来的知识。

人们低估其重要性的：高智力与极端敏感和极端情感接受性是不可分割的。

人们掩盖的：高智商和过分敏感都会让人变得更加脆弱。

人们忽视的：能够非常清晰地感知物质世界和人际关系的所有成分会产生一种持续的情感反应性，而这将导致一种扩散性的焦虑。

人们一想到智力，就会有很多充满矛盾的表征。人们首先会关注其意思：聪明是什么？继而关注其结果：聪明意味着什么？最后关注其期待：我该如何利用聪明？如果我做不到，是否要质疑这一聪明的前提？人们可以看到关于智力及其效应的想法、信念、幻想、矛盾和担心非常强烈。

奥萝尔（Aurore）跟我解释道："聪明当然是好事，但是聪明总是伴随着一些小麻烦。我希望我只是聪明，而没有那些小麻烦，因为聪明的确有用！而那些小麻烦，却很难处理。"

要记住的

- 资优，首先是一种聪明的方式，一种非典型的智力运行方式，以及认知资源的激活，这些人认知资源的脑部基质异于他人，其组织方式也表现出一些特质。
- 资优，并不意味着在数量上更加聪明，而是拥有质量上与众不同的智商。这绝对不是一回事！
- 资优将高层次的智力资源，超出标准的智力，强大的理解、分析和记忆能力，以及敏感性、易感性、情感接受性、五种感官能力和广度及强度占据思维区域的洞察力联系在一起。这两大方面总是相互交错的。
- 资优，是一种在世的方式，会让自己的人格五彩缤纷。
- 资优，意味着情绪总是在嘴边，而思维一直处于无限的边界。

敲响警钟！

目前得到的临床观察结果是令人不安的：资优儿童的学业状况往往是糟糕的，他们的心理非常脆弱，具有模糊的自恋定位，对世界有着痛苦的意识。他们能够根据自己的人格，成功地利用某种防卫措施或资源将自己的特点转化为成功的手段或人生中积极的动力。但是，对于那些发育过程中遭遇各种情感困难的资优儿童而言，则会出现各种心理障碍。而到了青少年阶段，则会经常出现心理代偿失调，表现为非典型的临床图表、很难承担责任或者情况有时较为糟糕的预后。

根据儿童是否会查出问题以及诊断的年龄，我们会发现他们面对的不同困难。如果一个孩子在成长过程中不知道自己到底是谁，心理障碍则真的会变得具有危害性。到了成年阶段，其人格就会不太正常，会轻易放弃，精神上有创伤感，对自己和世界有错误的信念，或者会用一些刻板的方法保护自己不受其脆弱性的伤害。成年资优者的人生经历往往是混乱的、困难的、崎岖的。

当然，有些成年资优者会找到一种舒适的平衡的生活方式，构建令人满意的规划，过着成功的生活。大众宁愿相信这些成功的资优者占大多数，但决不能因此忽视这些资优者，因为他们的主要问题在于不知道自己是什么样的人。

要一直记得资优的两方面：智力面和情感面

如果不从以下两方面考虑资优者的特质：智力面和情感面（这两方面将会构成其全部人格，并将影响其整个发育过程以及人生的构建），就等于以过时的理论和误解为借口忽视这类人群。身为资优者不意味着是一种傲慢的运气，是上苍赐福，是一种特殊的天分，是一种令人羡慕的高智力，而是一种具有多方面智力资源和情感资源的特殊人格。其潜力只在以下情况中才能被认为是人格的全部力量，即当且仅当这一潜力被认识、理解和承认。如果资优者接纳这种潜力，就可能构建一种能够让我们满意的生活，并且资优者在这种生活中感觉良好，我们每一个人都试图做到这一点。如果资优者忽视这种潜力或更糟糕的是否定这种潜力，就有可能错失自己，并且一生都有一种缺失感和不满足感，这将导致不能适应社会或者严重的心理障碍。

幸福，从根本上讲就是百分百地发掘自己的能力。

——米哈里·希斯赞特米哈伊

（Mihaly Csikszentmihaly）

一个大问题：如何称呼这些资优者?

这绝对不是一个次要的问题。相反，这个问题在很多方面都很重要。每一种称谓都有一种暗含之义，都指向一种片面的、错误的、在任何情况下都不令人满意的表征。

智力上的早熟者指的是儿童阶段发育过早，而这既不能反映出事实（并不是所有这些孩子都发育过早），也不能反映出特殊性（并不是因为他们比别人“超前”而使得他们异于常人）。如果我们将智力上的早熟者简称为“早熟者”，且经常听到人们说我们的“小早熟者”，那就更糟糕了。

资优者? 说到资优，人们马上想到的是比别人更有天分的人以及天赋异禀的人。谁能假定自己是否真的在某方面有天分？否则如何认为自己是资优者？如果一个孩子在学校或家里表现都不理想，那么说其是资优者对于其父母而言是很难接受的。如果一个孩子认为自己是资优者，而这完全不符合别人对他的真实想法，也不符合他对自己的潜力的看法，则情况就更为复杂。这对于他自己而言会非常沉重，对于其父母而言会非常复杂。说自己的孩子是资优者，如何接受？很快，别人的看法使他们泄气：他人如何理解这个孩子？如何跟他人解释这与“他们所想”不同？父母也难以使用“资优者”这个字眼，因为这让父母感觉到是在“凸显”自己的孩子，或者像孩子自己说的，是在“自夸”。

对于成年人呢？如果自己的生活充满着失败和痛苦，或者是自己的生活如此空洞，如何自认为是资优者？即使对于那些接受自己生活现状的人，包括生活中的苦与乐，或者那些认为自己的生活是“成功”的人，资优这个词也是令人困惑的：我是资优者？这与我的生活有何关联？如果我是资优者，我的生活经历不应该是另外一种吗？

然而，资优者[1]一词是法国传统中对此最早的称谓了，它表现了一个人的人格内在特点。我认为这个称谓比其他的更合适。

1　该词由精神病专家朱利安 · 德 · 阿胥黎盖拉（J.de Ajuriaguera）于1970年翻译自英语词“highly gifted”。雷米 · 沙文（Rémy Chauvin）将该词在法国推广，其代表作为《资优者》（*Les Surdoués*），Stock出版社，1975年。——作者注

目前，比较时髦的称谓是HP，即高潜力者，或HQI，即高智商者，好像这些缩略词可以抹去所有让人不舒服的因素以及让人觉得极端的因素……

HP（高潜力者）这一称谓隐藏着一种新的风险：有较高的潜力意味着必须要将这种潜力变成更大的东西，一种成功的东西。否则就“浪费”了这种潜力？一种罪恶感在游荡……

这些“奇怪的斑马”[1]

我将继续偏爱“斑马”一词，因为我选择的这一字眼能够与其他让人无法忍受的表达方式有所区别。斑马是一种特殊的动物，这是唯一一种人类无法驯服的马科动物，其身上的条纹能使它在稀树草原与动物区分开，并用身上的条纹隐藏自己，斑马也是一种群居类动物，对自己孩子的关怀无微不至，它们是如此不同又如此相似。如同人类的指纹一样，斑马的条纹是独一无二的，这让它们彼此间能够互相辨别。每一匹斑马都是不同的。我将继续强调并且重复强调这些“奇怪的斑马”需要我们的关注，让他们能够与这苛刻的世界和谐相处。我将继续捍卫这些“有条纹”的人，好像这些斑纹能让人想起生活在他们身上留下的痕迹。我将继续跟他们说，他们的条纹也是非常

1 法语中 zèbre 一词，本义为“斑马”，也可引申为“奇怪的人”。这里译为斑马一词，与下文统一。——译者注

棒的特点，能够从各种陷阱和危险中拯救他们。我也要告诉他们这些条纹是非常珍贵的，他们可以引以为傲。

在Cogito'Z[1]中心，我们会习惯性地在资优患者的文件上盖上有斑马图像的印章。这让我们可以摆脱称谓的问题。我们的斑马文件被归类在一起，我们开会讨论某个孩子是否属于斑马人群。在我们机构，斑马如今变成了Z。如果我们确诊，并且其斑马的特点非常明显，我们会在内部报告中写下：Z++。在我们的数据管理库中，根据诊断结果，患者被标记为Z……，Z代表斑马，省略号将由其他单词代替，比如代表永远代表正义的佐罗（Zorro），或者情绪斑马（Z'émotifs）、流浪的斑马（Z'errants）、倔强的斑马（Z'insoumis）、隐居的斑马（Z'ermites）、被遗忘的斑马（Z'oubliés）……你们可以继续补充！你们看，一个Z……可以隐藏另外一种特点！这非常适合他们，不是吗?

资优者：目前我们的所知

最近这些年，各种书籍、新的研究风潮以及政府部门的关注将人们的注意力吸引到资优者身上。

---

1 Cogito'Z，法国第一家针对学习障碍学生的诊断与治疗中心，由让娜·西奥-法金（本书作者）于2003年在法国马赛创办。目前有两家机构：Cogito'Z 阿维尼翁（Avignon），Cogito'Z 巴黎。——作者注

随着人们不断意识到对这类特殊人群进行关注的必要性，我们看到了各种积极的富有成果的行动。越来越多的大学团队致力于这一主题，越来越多的医生、心理学家或精神病专家在对资优儿童进行诊断和治疗过程中不断积累经验，一些学校机构尝试探索一些更加适合这些资优儿童的教育模式。虽然这些儿童的父母的“朝圣行为”[1]依然困难重重，幸福结局依然非常罕见；虽然缺少专业人员，与资优儿童相匹配的医疗机构仍然不多，但是我们要看到情况有所好转……虽然只是进步了一点点。

大的变革主要来自于神经科学。目前，由于功能性成像技术（IRM）的应用，我们可以实时对脑部如何运行进行观察。这就使得我们能够更好地了解人类在某个情况或在某个背景下处理某个问题时，哪个脑部区域在介入工作。这一技术变革能够加强我们对以下问题的理解和把握：资优者的思维方式在哪方面并且如何与他人不同？

发现抑或确认？

但实际上，我认为神经科学的贡献只是让人安心，并没有带来真正的发现。临床医生长久以来就知道如何辨别资优者的

1 这里指的是资优儿童的父母带孩子看病的过程。——译者注

思考和情感特点，父母对此也非常了解。而教师，哪怕是最缄默的老师，也会发现这类学生的反应与别的学生不同：他们的学习方式、他们的行为、与他人的关系以及他们的情感反应。

总之，最新科学研究证明了资优者身边的人很早之前就明白的事情。

在各种情况下，真正唯一的关键归为以下问题：现在，我们该怎么办？所有人需要的是这个问题的答案，包括资优者自己以及陪伴他们的人和教育他们的人。

科学进步使人安心，但仍然没有回答这一问题。

so what？（那又如何？）盎格鲁–撒克逊人会问。只是为了让那些认为证据就是事实的人感觉安心的研究会给我们带来什么呢！所有相关临床医生长久以来都在研究如何帮助这些面对困难甚至深受痛苦的人。而对于资优者进行的研究就好像脱离一切背景或脱离整个人类的实验。他们孤立了一个因素，就像一个会有自己生命的分子。观察结果有时会因为理论因素而大大偏离实际情况和真实生活。

虽然我坚信科学研究的必要性，但是我认为将资优者“遗忘”在实验操作中对资优者而言是危险的。我依然深信临床是人类知识最可信的来源，人们可以从一些特例中得出普遍规律，与资优者成百上千次的接触可以让我们进行有效的研究。

在资优者人群的大脑中旅行……
在这里人们会发现资优者生活及思维特殊性的原因

通过对资优者进行脑部研究，我们可以以一种科学的眼光，从情感和认知两方面，接触到掌管资优者人体机能的中央系统。我必须要承认，能够“真实地看到”不可见的过程是非常有吸引力的，能够证明的确存在人体机能的特殊性是非常不可思议的，而且也证明了这不是临床医生或神经过敏的父母的异想天开。

改变了我们关于脑部运行认识的若干神经科学发现

重要的不是神经元的数量，而是联结的数量

我们都担心我们的神经元从20岁便开始死亡。我们以前学过，在儿童阶段，神经元数量会迅速增加；在青少年阶段，大脑发育成熟；之后，就开始衰老……然而，虽然在儿童阶段大脑的确以非常快的速度发育，但必须忘记与神经元数量、神经元和智商之间的联系等相关的传闻。现在人们知道起决定作用的是联结的数量。换言之，一个人越学习，懂得越多，记忆的内容越多，体验的刺激性经历越多，神经元之间的关系也就越紧密。联结的数量越多，我们的大脑就越强大。

青少年阶段，大脑并未发育完全。相反，最近人们证实，

在这个年龄段，控制和预知行为的大脑区域仍然未成熟。这一发现能够更好地解释为什么有些青少年会有一些不理智的行为或者将自己的生命置于危险的行为中：他们的大脑不会跟他们说停止！他们必须努力使用其他能力来调整自己的行为。对他们而言，这不是天生的！

另外一项大发现：大脑的可塑性。这是很好的事情！这意味着人们可以完全不用担心神经元的死亡（这是事实），因为可以不断地联结神经元并创建新的网络，即使到了高龄阶段。因此人们可以终生学习、思考、记忆、让大脑运行。这很棒，不是吗？

还有一个特点：人与人之间在信息传输速度方面存在差别。神经元网络中信息运行平均速度为每秒两米。某些人处理信息的速度比别人快或慢，是因为大脑区域不同，处理信息的类型不同，速度也不同。

某些事件的处理可能只能持续三至五毫秒。当你们在阅读这句话的时候，你们的大脑处理了成百上千的信息，经由你们的感官得到的外部信息，比如正在准备的饭菜的香味，肩膀上感觉到的凉风，远处传来的汽车喇叭声……还有来自身体内部的信息，换言之，就是通过各种联想而完成的思考。

革命性的发现：大脑是全能的

关于大脑的运行，传统的理论认为大脑每个区域具有某种特定功能。因此，人们认为一旦该区域受损（比如脑颅外伤），就会因此失去相关大脑区域的功能。例如，如果语言活动区域受损，患者就再也不具有语言能力。然而，最新的科学研究让我们明白大脑是多任务的：大脑的任何区域都可以处理不同的任务。一旦某一区域受损，另一区域会承担该区域的功能。换言之，大脑的能力是无限的。

要忘记的另外一个成见：人们使用的是整个大脑，而非仅仅 10%！

当然不是同时或一直使用整个大脑。负荷以及激活的强度是可变的，根据需要解决的问题或情况的不同，某些大脑区域处于兴奋状态，而其他则处于微弱的运行状态。这就是为什么人们可以在不知情的情况下存储很多信息，当某些大脑区域努力处理某个首要问题时，其他区域整合、分析、处理并记录下其他信息。

这就是所谓的认知无意识。我们的大脑知道一切，而我们自身却意识不到我们知道这一切。

因此，我们使用的是100%的大脑，我们90%的思维是无意识的，只有10%是有意识的。

以上便是原来错误观点的来源！

情绪出乎意料的作用

长期以来，人们一直认为，为了聪明地说理，需要冷静行事。自笛卡尔以来，我们都确信情绪会让我们犯错误。一旦掺杂情绪，我们就会失去判断的能力并因此犯错。令人意想不到的是：这种观点完全错误！甚至恰恰相反，即对于思考而言，情绪是必需的。[1]如果没有情绪，人们就会做出“愚蠢的”决定，得出“愚蠢的”结论，做出“愚蠢的”行为。人们会失去事物和事实的意义。例如，如果人们没有任何情绪，人们的判断会出错，可能会做出与自己或他人利益相悖的选择。如果没有情绪，大脑将失去理性！

资优者大脑的特殊认知方式

大脑过度亢奋：头脑风暴

他们的大脑始终处于过度亢奋状态，大脑中的联结高速运行并同时在大脑所有区域发挥作用。大脑始终处于“沸腾”状态将大大增强思考能力，但这种状态也将很快变得难以疏通。

“我脑中有很多内容，因此我努力说快一点从而可以把想说的都说出来，但是我的思维变得混乱，这太糟糕了。”

“我会同时想很多事情，以至于有时候晕头转向，我丢失了思考的主线。这太快了，我感觉忘记了重要的想法。”

“我的大脑过度紧张，以至于有时候我觉得自己处于一种过热状态，而且有什么东西要喷出来一样。实际上，这让我很害怕。

1 安东尼奥 · R. 达马西奥（Antonio R. Damasio），《笛卡尔的错误》（*L'Erreur de Descartes*），Odile Jacob 出版社，2006 年。——作者注

于是，我努力迫使自己不去思考，但是我做不到。我感觉自己像是大脑的囚犯。”

速度

这开始于大脑中的联结速度。资优者人群的信息传输速度远远高于常人（智商点每增加一点，传输速度相应增加0.05米/秒）。这意味着，在相同的时间段，更多的信息被整合与分析。一切变得更快，并导致大量数据同时被处理。

大脑不间断运行，兴奋程度非常高，强度很难降低。

结果就是一直在运行的思维，永远停不下来的思维。

“我多希望让我的神经元休息”，或者“如何才能停止思考，我快受不了了”，或者“是否有一种药物、一种外科手术，让我断开电源？”……这些是因为不断思考而变得筋疲力尽的资优者重复提出的抱怨和要求。

多空间处理

提到信息处理，人们便会提及大脑处理所有来自人体外部或内部信息的方式。外部信息指的是我们周围发生的且可以被我们的五官感知的事物。内部信息指的是我们脑中所想，以及来源于我们的记忆、联想以及大脑表征的信息……

在资优者身上，所有这些信息被捕捉至神经元网络，然后分布到大脑中的若干区域。联结并不局限于不同的大脑区域

(这点我们可以通过功能定位观察到)。此外，信息处理是同时的，这意味着一切都同时被处理并且同样重要，相关神经元的数量增加，实际上这些神经元充斥着大脑!

‖ 挑战：选择恰当的信息

在大脑这种持续并快速的兴奋状态下，如何定位主要信息？如何辨别出解决这个问题或那个问题的最佳数据？一切运行速度太快，一切都同时出现在大脑中。当一个资优者试着抓住某个想法时，这个想法已经跑得很远，同时成百上千个别的想法出现。最后，如何摆脱这种与神经元以同样速度被激活并且将思维带到更远的区域的情绪负荷?

潜在性抑制缺陷

潜在性抑制是一种认知过程，可以让人们将大脑需要处理的刺激和信息按重要性分级并进行筛选。

例如，如果我们进入某个地方，我们首先会识别出其气味，然后这气味好像会消失。大脑将信息存储下来，将其列入“无用”一类，然后将其置于一边！对于噪音也是同样的过程：钟表的嘀嗒声可能让我们恼火，然后这个声音好像消失了，好像融入了房屋装饰之中。这就是所谓的潜在性抑制，将某些信息划分为次级信息。

潜在性抑制会让我们的大脑对所有接收到的信息进行筛

选，这种信息可以是视觉的、听觉的或触觉的，并让我们关注那些被划分为有用的和恰当的信息。潜在性抑制排除了那些“背景”噪声、“背景”图像和“背景”感觉。大脑完成了一种“自动筛选”，使得我们不会淹没在所有这些信息中，并使得我们可以集中关注那些重要的信息。这是一种不被我们意识所知的最基本的神经学过程。

当资优者面对大量信息时，他们的大脑不会启动这种“自动筛选”，资优者需要“手动”处理这些信息。这就是我们所说的潜在性抑制缺陷。这意味着资优者需要特别的努力来确定应该首先处理哪些数据信息。我们非常清楚当资优者必须组织其思维时需要面对很大的困难。我们也非常清楚资优者十分为所有相关情绪和感觉所困扰。

场依存 / 场独立：两种权能不同的认知风格

场依存 / 场独立的概念指的是在一些复杂事物中发现一种特殊因素的能力的不同认知风格。我们每一个人都偏向于某种认知风格。

如果我们属于“场独立”类型，我们很容易就能分离出某个细节，排除那些无用的信息。即使有新的因素出现，大脑也能轻易地找到需要的信息。

相反，如果大脑属于“场依存”类型，那就很难辨认出“目标物”，并且需要集中注意力，花费相当大的努力才能完成既定目标。

用于测评认知风格的传统测试是让测试者在有限时间内找出藏在一堆错综复杂的图形中的某个几何图形。很明显，对于那些比较不容易被不相干的图形（这些图形会干扰“目标”图形的感知过程）所干扰的测试者而言，该任务会更快更有效地完成。

这样也就证明了认知风格具有不同的智力效率，并与人格的特点有关。

“场独立”风格使得人们能够轻易走出场景，并且能够更有效地激活智力能力。这类人能够从场景中抽离，运用一切必要的手段来解决问题。这种风格与独立人格相关，这类人不会轻易受影响，并且在需要的时候，他们可以将情感置于一边。他们知道如何把各种可能性考虑在内。

对于“场依存”者则完全不是这样，他们会迅速淹没在周围事物中，并且不能从中得出最重要的信息（或者看上去重要的信息）。当然，资优者属于这类人！

资优者尤其容易迷失在大量事物中，他们不懂得如何区分这些事物从而快速有效地处理信息。更有甚者，资优者对于情境的依赖会由于情感因素而增强。

资优者总是依赖于情感背景，如果不考虑情感因素和情绪负荷，他们不知如何行为。

不同情境下资优者的表现

为了能够更好地理解，让我们来观察不同情境下资优者的不同表现。在某个解决问题实验中，需要以最有效的方式找到解决办法。问题以两种不同形式呈现：封闭性任务，情境被简化，只给出必要的数据；开放性任务，有多种可能性，可以使用多种方式解决问题。

所表现出来的区别具有特征性也非常能说明问题：

在封闭性任务中，资优者快速、注意力集中、有效；

在开放性任务中，资优者迅速忘记指令，各种想法此起彼伏，出现各种信息……时间很快过去，而问题却没有解决或者出现很多错误。

这说明为了使得资优者能够变得有效率，必须减少数据信息。

例如，在学校，多项选择题和“填空”测试最适宜资优者能力的发挥；而一旦需要就某主题进行书面表达，资优者的知识就会淹没在自动激活的各种想法中。

在实际生活中，我们会轻易发现不同情境下行为的不同。

第一种情况，资优者注意力非常集中，但这需要快一点，因为资优者为此需要调动很多能量。速度快一点可以让资优者避免干扰信息的影响。好像需要留住他的思维，否则思维会离他而去并在他不知情的情况下展示出来。因此，资优者做事经常三心二意，不能集中注意力，因为这需要太多的注意力资源。

第二种情况，情境中包含各种信息，尤其是情感类信息，资优者就不能集中注意力。于是他会开启“警戒”模式，只让最重要的少量信息进入其大脑……在这种情况下，我们会觉得他听不到别人说话，给人一种他不在场的感觉。有时这对他而言是有害的，也会让周围的人感觉恼火！他处于一种节约模式！因此，为了让资优者能够听到你说话，需要重复很多遍！

资优者大脑的运行是一种非开则关（全部或什么都不是）的模式。而对资优者而言，开的模式经常让他无法承受。

从“思考过多”到按照本能行事：造成各种无意义冲突的大脑运行特点

不听或不思考好像是一种大脑能量节约。资优者有时候真的会给人一种白痴的感觉，有时候他好像未经思考就做出反应或决定。经常会出现以下情况：当资优者面对某些不太重要的问题时，他会开启警戒模式，然后回答问题，做出肤浅的决定或者更糟糕的是——答非所问。因此会出现很多误解甚至是错综复杂的冲突。很难理解和接受的是，如此聪明敏感的人竟会以如此不得体的方式行事或说话。人们完全不能相信这种情况。资优者经常会告诉他人这么做并非故意，他没有想到后果，他没有完全理解情况，会发生这样的事简直让人不可思议，也让人不知所措！这会走进交流的死胡同：对方不能接受如此不像真实的事情，会坚持自己的观点；而资优者也会因为理屈词穷而离开“战场”。他把自己封闭起来，什么都不再说，逃离。他再也不知道该说什么，会因为无力面对而选择逃避。他没有有效的理由，他自己知道，而对方却不能接受。

根据当事人双方各自的立场，资优者在无意识的情况下导致的这一“冲突”的结果可能是危机、争吵、无尽无休的赌气、处罚、责备等，而资优者也成为这些互相不理解的受害者。

这种大脑运行的方式所导致的“结果”可能被认为是蛮横无理、鲁莽放肆或挑衅煽动行为。而这与年龄无关！

右脑，左脑

另外一种关于大脑活动的神经系统科学理论，对在某一任务中，大脑半球运行方式的差别研究非常重视。

大家都知道，我们的大脑是由右脑和左脑两个完全不同的部分组成。

在两个大脑半球中，都存在一定数量的区域，功能各不相同。

总体而言，有以下任务分配方式。

左脑	右脑
— 组织思维的分析能力	— 整体处理及图像处理
— 逻辑及推理能力	— 同时处理大量数据信息的能力
— 说理及语言交流	— 通过联想而完成类比活动
— 语言活动功能	— 直觉智力
	— 创造力与发散性思维（与大众思维不同）
	— 强烈的情感介入

线性思维和树状思维

对于信息处理，我们认为大脑有两种方式。

线性处理，这是一种按照顺序进行处理的方式，从一个给定的出发点出发，通过逻辑推理，最后得出可靠的结果。一个步骤接着一个步骤的操作方法使得我们可以了解每一个程序，并对其进行解释。此外，顺序处理的激活会自动导致非相关信息的抑制。大脑会阻止所有可能干扰推理过程的思维、想法和假设。得益于大脑这一功能，我们才可以组织论据、对某一想法加以发挥、组织某一说理过程、论证某一结果。对于所有需要严格方法和逻辑的任务而言，线性处理是最有效的。这种方式也使得我们可以流利地、灵活地、精确地使用语言。

而同时处理方式源自于其他一切方式。从一个刺激、一个想法、一个指令开始，整个思维联想网络高速运转。每个想法都会生成另外一个想法，但这种联想方式没有任何逻辑关系。此外，若干思维轴同时组建起来，并形成真正的思维树状结构。图像、感觉、感情不断加入该树状结构中，而后者变得越来越复杂，其无数“树枝”无穷尽地发展。很快，思维密度过高，想要组织这些思想变得不太可能。网状思维方式有利于新想法和创新想法的出现，有利于各种图像和情感思想的涌现，但是这种思维方式不是能够进行清楚表达的语言方式，也不是能够进行逻辑论证的说理方式。

资优者的右脑发达

右脑在资优者的认知过程中发挥更大的作用，这已经被很多科学实验所证明。

当右脑占主导地位时，很多任务变得更加困难。其中自然包括学校里的学习，以及所有要求被严格组织和安排的智力或非智力情境。

14岁的朱莉说：“当一个正常孩子被提问时，其脑中会出现一根天线，然后他会在这根天线周围思考；而我们呢，会同时出现25根天线。我们会因此摸不着头脑，我们无法集中注意力，而表达也变得更困难。”

凭直觉回答：无法进入程序

无法进入可以提供答案的程序是右脑进行处理的一大陷阱。

向一个儿童资优者或成人资优者提问某数学问题。

询问结果。答案正确。

现在，要求他解释他如何知道答案。

他的回答:“这很明显啊。”

“能说具体点吗?”

“因为我知道答案啊，这就是所有原因。”

在某些小的方面我们或许可以接受这样无法给出解释的回答方式，但在大多数情况下这是不能被接受的。首先是学校，对于整个一生也一样。最让人难过的是这些资优者都很诚实。他也不知道他如何知道答案，为什么知道答案。这超出了他的意识阈，他再努力也还是无法做到。

“我遇到一个问题时，我知道开头，知道结果，但是中间有什么，我就不知道了。”

阿德里安这样解释道。解释得很清楚。所有的资优者都有这样的困难。这是一种充满悖论的困难，不管内心有多富有，都会因为自身大脑运行结构的问题而缩小。

从神经生理学角度看，这种特殊性是由神经元联结的激活导致的，这些神经元运行速度极快，甚至无法被意识所感知。因为这些充满信息的神经元网络的运行，突然出现了一些突如其来的直觉。一些大脑成像显示了这一隐秘的大脑激活过程，而该激活过程得益于以前的知识和创建新的联结的能力。直觉智力是上述过程的结果，有其陷阱，也有其无限的潜力。

组词：用来说话的词

右脑的激活与图像、视觉、空间思维有关，而主要由左脑负责的语言活动、词汇、语言的线性结构则需要资优者特别集中注意力，也需要花费很大的努力。面对某种场景、某个需要解决的问题、某个需要克服的障碍，以及在各种日常思维过程中，首先启用的是图像处理区域。资优者首先会看到图像，继而将其转化为词。

有双重困难：

图像可能成为树状联想新的出发点。需要在脑中“固定”图形，并将其迅速转化为词。这一操作非常棘手，因为联想网络运行速度太快。例如：如果我让你们写：“船在水上航行。”这对你们来说应该不是什么困难。本能地，你们会在大脑中看到这些词，你们会以听觉的方式处理句中的音素，然后解决问题。但如果你们是资优者，情况则不同！因为出现在你们大脑中的不再是词，而是一艘真正的船，安静地在蔚蓝的海上航行。而你们也会随着波涛和自己的联想开始旅途。这一图像的联想将产生非常多的想法、记忆和联想思维……以至于你们很快就远离这一小句话，而我仅仅只是要求你们写下这句话……

图像产生了意思的光晕，它不会在语言中凝结。而资优者也不能筛选或重新组织其思维。

以下是一个典型的例子：

雨果，16岁，刚从美国旅行回来。他向家人讲述了旅途中发生的小故事，包括遇到哪些人、有什么经历等。有一天晚饭时，有人问了他旅行的事，雨果说旅行非常棒，但他不喜欢美国人。问话人又问他为什么。稍有停顿，雨果不知道该说什么。他无法用确切的语言精确地表达出他的想法。令所有人感到惊讶的是，他转向母亲，问道："妈妈，我为什么不喜欢美国人啊？"幸运的是，雨果的母亲从雨果之前的描述中精确地推论出他无法表达的内容，并沉着地、平静地代替他回答了这一问题。在听到自己的想法以如此简单的方式被组织并被说出来时，雨果非常惊讶，并赞叹道："完全是这样，太不可思议了！是的，这就是我不喜欢美国人的原因！"对于雨果而言，有人能够找到精确的字眼和想法解释他之所想，这是一种解脱，他如释重负。

从图像到词：当树状结构混在一起，并错综复杂时

这种思维和情感旋涡使得通过语言进行的交流变得极其困难。如何在适当的时候，找到恰当的字眼传达出这种心声、这种情感上的激动、这种对世界的沸腾感，而同时又不背叛

心中所想？而且要确定对方能够完全理解自己心中所想。言语，就是让丰富的想法从瓶颈中通过，而词必须按照永恒不变的而且编了码的顺序一个挨一个排好队，从而正确传达自己想说的内容。

我们可以将线性世界看作一个任意的决定，而事实上却是有各种可能性的。当我处于树状模式时，用言语表达将会变得很困难，因为我脑中可能同时出现四个词来表达同一个（或差不多）事物或想法。这四个词是同时出现的。

——拉斐尔，17岁

如果不是在自己想要表达的当下完全与其思维相连接，则是无法言说的。

如果我在我的思维中，那么我可以找到那些能够说出我想表达的内容的词。我需要与我的情感相连接，才可以说出该事物。如果过了一段时间有人再问关于该事物的想法，我就说不出来了，因为我不再与我的思维相连接。

思维强度及情绪负荷只有在思维展现时才能被感觉和表达。思维的激活速度以及思维强度之大使得数据的稳定整合变得困难。这些数据经常会因此丢失，而重新调动这些数据需要花费巨大的能量。思维就这样消失，且速度很快。思考过度会扼杀思维。

当词迷失在树状结构中时

一个人想表达，而词在脑中经过速度太快，这会造成严重的交流问题以及真正的人际关系问题。当一个人无法精确清楚地表达自己希望表达的东西，且思想和一切都变得混乱不清时，别人很可能不明白你的意思或者错误地理解你的意思，而后者往往是更糟糕的。此时，也很难找到准确的字眼来表达自己心里的感受。

这种情况下，资优者往往会选择缄默。不说话，因为不知道如何说。而有时候，当资优者说话时，会无意识地伤害到别人。这不是正确的词，不是应该说出来的词……

迷失在自己的思维中经常会让资优者无法直截了当地说清楚自己的想法，他只能选择兜圈子，有时候这可能是唯一一种能够说清楚他想说的话的方法。

不能理解词的意思：当一个人无法解读暗含之义时

马克，24岁，这么解释道："对我来说，资优者有语义方面的问题。如果一个词没有在正确的上下文中使用，这个词就不能被理解。我以物理学为例。我很难理解物理学上的一些概念，而我对此又很感兴趣。物理学上很多词来源于日常生活或已经融入日常语言中。结果是，对于同一个词，我有好几个定义，我从生理角度感觉这个词。为了理解物理学的一些概念，我经常不得不去寻找其历史背景，即某个概念是在哪种历史背景下使用的。否则，我就理解不了。”

马克的解释是清楚的。在资优者的生活中，这样的困难司空见惯。在某个讨论会中，资优者可能答非所问，或者看上去好像根本不理解别人提的问题。这很快会让别人感到恼火、疲累甚至不可忍受。别人觉得他是故意这么做的，觉得他是在挑衅。通常情况下，对话会因此中断，讨论会变成责备。为什么？因为某个词或某个句子的意思对于不同的人而言可能是不同的。

“我们不能说死后的生命，这不确切。在生命之后，就是死亡，应该找另外一个词。”于连，10岁，无法理解这个没有意义的词的使用。

对于一个资优者而言，绝对精确是最基本的，他只能按照字面意思理解事物。为了让他理解你们想对他说的，必须跟他解释清楚背景。只有这样他赋予词的意思才与你们想表达的意思相同，你们之间才能互相理解。否则，他是无法理解的。或者，更确切地说，他会以另一种方式理解。以上就是我们可以在资优者人生的各个阶段，在各个领域都能发现的让人难以忍受的误解和错综复杂的冲突的原因：在学校，资优儿童做事总是“牛头不对马嘴”或者不能回答看似简单的问题；在家里，资优儿童的行为会与父母要求的完全相反；而对于资优成人而言，在职场上，他与老板或合作者的关系会很紧张；而夫妻之间的对话经常会出偏差。

因为很难明白日常生活中一些暗含之义，资优儿童或资优成人有时候会觉得自己好像完全不理解这个世界。这会让他们更觉得自己是怪人或与别人有差别。资优者会觉得既然大家的大脑运行方式都一样，而我却不一样，那么肯定我是不正常的！于是他更加痛苦：因为他感觉到这种将其与其他人隔离开的差异，还有由此导致的对自己形象的攻击。资优者认为责任在他，是他的错，自己不能像别人一样做而显得很白痴。这会导致资优者对自己进行反省，并且逐渐对世界失去热情。

在情感方面，资优者的大脑也表现出特殊性

资优者情感运行方式的基础既存在于大脑中，也存在于感官感觉的神经生理学过程中。我们将会发现这些特殊性在很大程度上解释了资优者人格结构独特性的原因，以及他与世界特殊关系的原因。经常发现的特点：

资优者首先通过心来思考

以下应该是有关资优者情感系统最常见的特征，也是资优者大脑运行方式最有特点的特征：情绪干扰。关于资优者的特点，尽管智力因素占据最主要的位置，但却是其情感运行方式反映了其深层次的、特殊的人格特点。在某种程度上，我们可以说（几乎不会错）资优者在用大脑进行思考前，首先是通过心来思考。也正因为此，可能造成了别人的不理解，以及一些不为人知而且很难承受、难以与别人分担的隐秘创伤。

情感的超级易感性在资优者身上是很重要的方面。资优者是真正的海绵，持续不断地吸收着周围悬浮着的情感因子。从一种高度敏感性到周围的情绪，资优者也能感受到其他人的情绪。这就是所谓的移情能力。资优者的移情能力是持续不断的，并且扰乱了和他人的关系。资优者在与人相处时，不会仅仅是接受的态度。他总是和他人一起，体会他人所感并从情感的角度与他人一起经历他人所感。这种易受他人影响的特点使得资优者半刻不得安宁，并且不断地调整自己。此外，如果一个人能够如此强烈地感知，他又如何保持冷漠？如何不被牵涉到各种情境中？如何与这些被所有感官捕获的情感分离？

感觉过敏或各种感官的强烈感知

感觉过敏指的是强烈的感官能力（五种感官能力）。资优者具备的视觉、听觉、味觉、嗅觉能力，以及运动觉能力（触觉）远远超过常人。

超群的视力

立体感和对照更明显。无论资优者面对刺眼的光线抑或是面对阴暗的环境，一切都逃不过他们敏锐的视力。他们能够定位、感知、分析某个场面的所有微小的、难以察觉的、次要的细节。而别人可能甚至无法感觉到这些细节的存在。资优者从很小开始，视力就极具观察性。有时因为视力过于敏锐而带来麻烦。资优者的经历表明他们可以从充满无数细节的一幅照片或一个图像中得到相当多的元素，并且所花时间很短。

敏锐的听觉

资优者的听觉可以同时分辨来自各种来源的声音信息，仿佛他们具有很多听觉管道一般。所有被感知的听觉信息被同时处理，且资优者可以毫无困难地对这些信息中的某个信息做出反应。周围的人都认为资优者无法在带着随身听并且开着电视的情况下和别人通电话，或者听不到街上的嘈杂声。然而令他们意外的是，资优者完全能做到。他不仅能听清楚，而且什么都能听到。我们会发现，即使用微弱的声音问他们“我刚刚跟你说了什么”，资优者总是能够给出回答。此外，听觉区分能力使得资优者能够听到低频声音。对他们而言，低语声、沙沙声等很轻的声音与能够被轻易感知的声音无异。

灵敏的嗅觉

在现代社会，嗅觉已经成了次要感官能力。人们不再使用嗅觉分析或理解环境。在进化过程中，听觉和视觉成了人类最重要的感官能力。

而资优者却很好地保留了这种令人惊讶的能力，通过各种气味得到周边人或物的信息。可对此资优者却很少提及，因为他不知道别人不具备这种感官能力；而他明白之后，会觉得自己这种灵敏的嗅觉是可耻的缺点，于是他沉默不语。然而，正因为灵敏的嗅觉，资优者增强了其感情接受性，并大大增加了可被大脑处理和整合的感官信息数量。得益于嗅觉，资优者明白了别人无法看见或无法感知的事物，他因此得出一些结论或记住一些内容，并使得他的思维更加复杂。

味觉和触觉

对味觉和触觉的研究较少，但是临床观察发现，资优者中有很多“美食家”，以及资优者和触觉之间存在特殊的关系。资优者对别人皮肤的触感非常敏感，常被材料所吸引，经常需要通过触摸获得更好的理解。像这样，通过这种行为，资优者才能确定很好地认识了物体的组成部分。我们还发现在这类人群中，有很多人无法忍受接触某种材料：羊毛、合成材料、报纸。他们的反应是表皮性的，在与这些材料接触后，会出现过敏现象。

高度敏感的五种感官能力解释了资优者为什么具有超强的情绪反应性以及情感对于他们的重要性。

持续处于苏醒状态的感官能力加强了对于世界的敏感性。

高度敏感的感官能力导致了较强的情绪感觉能力：一切都能时刻被感知。

超级可刺激性，换言之即人体启动情绪反应的快速性，与感觉过敏直接相关。

大脑里呢?

资优者脑部杏仁体具有特殊的敏感性，这解释了资优者易受感官刺激影响的原因。脑部杏仁体隐藏在情绪脑最深处，是人生最初期的遗存。脑部杏仁体是最先接收来自人体外部的图像、声音、气味和感觉的部位。它会自动启动情绪，不会预先进行有意识的分析。脑部杏仁体的接收能力越强，情绪感知和反应就越频繁。作为身体真正的哨兵，脑部杏仁体能够捕捉环境中最微弱的感官信号，并对此做出强烈的反应。面对如此强烈的情绪反应，前额叶皮质迅速减弱其活动。前额叶皮质是大脑中控制情绪并组织思维的区域（位于大脑前部，前额下部）。前额叶皮质具有决策功能，是我们的“控制塔”，起着引导和规划的作用，会发出适当的指令从而解决一个问题。我们在该大脑区域做出“理智的”决定，并对一个问题的来龙去脉做出分析。当大脑边缘系统（即情绪中枢），尤其是脑部杏仁体因为大量情绪负荷而饱和时，前额叶皮质区域的工作就会受阻，该区域将处于关闭状态。此时，只有情绪对所处情境进行控制，大脑不被引导也不被控制，也不会进行更加复杂的分析过程。在情绪的支配下，任何事都可能发生。大脑被吞没，被情绪所控制的资优者在这种情况下会有危险。因为，虽然我们知道，情绪对于大脑是否能够以适当的方式运行以及是否能做出正确的决定至关重要，但过于情绪化将会弱化并扰乱理性分析能力。

在所有资优者身上都能发现的强易感性，便是这种过于强烈且未得到合理控制的情绪敏感性神经心理过程的结果之一。

当情绪真的泛滥：情绪反应剧烈

抑制，克制……爆发。一切将变得不可控制。情绪泛滥，行为变得异常激动。如果起初看上去微不足道，危机的猛烈程度将会更加让人瞠目结舌。

达到情绪阈限，不能被转化也不能被疏导。这是所谓的情绪超级可反应性，在资优者身上反应性阈限非常低，情绪调节能力也没那么强。

明确的是：资优者对越小的事物反应越强烈，在神经心理学层面，面对情绪失控，一切由前额叶皮质决定。

‖ 情绪突然发作

要知道资优者很会抑制自己的情绪。他们会努力与那些不断攻击他们的情绪保持距离。很快，他被情绪击中，受伤。一个无足轻重的评价、某个不经意使用的词、一个漫不经心说出的句子都可能导致情绪突然发作，而资优者首先会努力疏通，使自己恢复理智，使这种情绪降到最低限度。尽管眼泪不断上涌，尽管怒火中烧，他们仍然努力将这种情绪负荷降低。但是，如果情绪压力的情况持续下去，所有堤坝将会坍塌，猛烈的情绪将摧毁一切，就好像一场毁灭性的海啸。反应的强烈程度与有时看上去比较平常的原始情境不再有任何关系。在那些情况下，可能会出现吼叫、大力捶打墙壁、扔东西……但针对自己或他人的暴力行为是比较少见的。这种极端的发泄方式的目的在于释放过多的情绪。这是一种发泄方式，但有时也会造成真正的冲突或导致更严重的后果。

困难的是如何让他们恢复平静。试图跟他们讲道理或交谈几乎没有什么作用。此时任何话语都可能加强这种情绪发作的程度。唯一可行的办法就是等待。什么都不说，或者只说一些不偏不倚的话，或者说一些别的事情。有时我们有一个感觉就是必须让他们"回来"，因为情绪让他们离理智太远。关键性问题在于避免情绪冲动，过一段时间应该可以恢复讨论。

联觉，一种令人惊讶的感官能力

联觉被定义为若干感觉的无意识的关联，这意味着某种感觉产生的刺激同时被另一种感官所感知，而后者却未受到特别的刺激——这是因感知重叠而导致的感觉交叉。

例如，联觉者不仅能看到红色，还能“听到”红色。原因是什么？大脑中的白质过量会导致皮质各区域之间的联结以及信息的传输。资优者看上去尤其会出现白质增生现象，因此他们成为联觉人的可能性较大。

这种联觉的能力（若干感官同时参与）会促使联想的增加、感觉和情绪的并置、感官能力的增强。很少听到资优者谈论这方面的事，因为他们不知道别人并没有这种经历。

联觉是持续的、无意识的。人们无法主动停止联觉。

我们非常清楚联觉对资优者超常的感觉接受性以及情绪感知强度产生了巨大的作用。

很多大艺术家都是联觉者。我们都知道法国著名诗人兰波（Rimbaud）和他的诗作《元音》。和很多其他联觉者一样，兰波给法语中的元音赋予色彩。我们还可以以俄罗斯著名画家康定斯基（Kandinsky）为例，他的画作色彩丰富，对他而言，这些画作都具有触觉。再如匈牙利著名作曲家弗朗茨·李斯特（Franz Liszt），在作曲过程中，他会给音乐赋予有细微差别的色彩……

奇妙的经历：您呢，您是联觉者吗？

▸ 如果，在阅读这篇文章时，每个词都披上了色彩的外衣（而我只使用了白色和黑色）。如果每一个字母都具有各自的色彩（A是黄色，O是蓝色，E是白色，I是红色，U是绿色……），而“EAU”（法语中表示水的单词）这个词不是字母E、A、U之和，因为水是闪闪发光的绿色的！

▸ 如果，当您听到某人说话时，您能看到他周围有一些几何图形，

▸ 如果，当您听音乐时，您的嘴中有甜甜的感觉……

▸ 或者，仅仅只有三种情况中的一种，抑或是其他类似情况……那么，您应该就是联觉者！

以下是上述内容的简短概述，让大家能够快速对这部分内容有一个整体理解。

资优者不是比其他人更加聪明的人，只是他的大脑运行方式与他人不同。

作为资优者，以下特点与其人格密不可分：

— 过分敏感性；

— 持续的情绪干扰；

— 强烈的感觉接受性；

— 能够捕捉他人所有情绪的移情能力；

— 过度发达的五种感官能力。

资优者的智力是发达的、强大的，但是需要建立在以下不同的认知基础之上：

— 高强度的大脑激活程度；

— 远远高于常人的神经元联结数量，在大脑各个阶段都能发挥作用的神经元网络；

— 树状结构信息处理方式，以及很难具有一定结构的迅速联想分支；

— 潜在性抑制缺陷，要求大脑系统必须在不经过预先筛选的条件下整合所有来自环境的信息：资优者对此无法承受；

— 无法获得在解决问题时使用的策略，因为大脑中的联结运行速度太快，并超过了意识阈；

— 知觉智力和图像智力，很难处理语言活动、词语以及语言结构。

资优者认知特点和情感特点已经得到最新科学，尤其是神经科学研究的证实。那不再是人们的想象，也不是传说，更不是虚幻，而是客观的事实。

这些传说中的人过着痛苦的生活!

那些认为智力是很高贵的人肯定没有足够的智力意识到拥有高智力只是一种不幸。[1]

——马丁·佩吉

是的，有些人继续认为资优者是具有高智力的人，他们拥有很多优点，从而拥有成功的人生，并且没有任何理由认为高智力会导致什么特别的困难或问题。

以下是某些心理学家所写:

智力机能亢奋绝对不是困难的同义词，也决不意味着必须放弃什么：只要“资优者”愿意，他们可以在任何领域绽放异彩。……出类拔萃的认知能力带来的是优质的社会生活以及为他人所承认的成功。[2]

我们认为，被当成是资优者的儿童或青少年过度投入到逻辑推理和知识中，而他们的目的（无意识的）在于填补幼儿时期的抑

1 马丁·佩吉（Martin Page），《我是如何变笨的》（*Comment je suis devenu stupide*），Le Dilettante 出版社，2000 年。——作者注

2 《资优者文化》（*La culture des surdoués*）论文集编者语，Erès 出版社，2006 年。编者玛丽卡·贝热斯-布纳（Marika Bergès-Bounes）和桑德里娜·卡尔梅特-让（Sandrine Calmettes-Jean）。——作者注

郁。我们认为不适当的抑郁状态会阻碍俄狄浦斯情结的结构效应，并且会导致客体的丢失。[1]

此外，现在仍有一些心理学家在“积极活动”，他们强调这一切都是幻想，如果某些资优者生活不如意，是因为传统的精神分析心理病理学，与他们的人格特点没有任何关联。

21世纪初仍然有一些受精神分析学影响的博士论文认为智力是预防抑郁症的机制……

从人性角度而言，怎么能够因为一些过时的理论借口否认这类人群？目的是什么？怎么可以不尊重这类饱受痛苦的人群，以及为他们寻求帮助而心慌意乱的父母？

怎么可以无视高智力是引起抑郁的重要原因以及高智力会导致一种敏感性、一种敏锐性和一种在这个世界的存在方式？而这些都是整个人格的组成部分。

怎么可以无视占世界人口2%的这类人群的大脑运行方式和适应社会能力的特殊性？他们正好处于那些有智力缺陷人群的对立面。人们认为智力缺陷会对人格和社会适应能力产生影响，因此智力缺陷人群必须被帮助和陪伴，必须采取一些预防

---

1 卡罗琳·戈尔德曼（Caroline Goldman）的博士论文，《正常和病态资优儿童》（*L'Enfant surdoué normal et pathologique*），导师为卡特琳·沙贝尔（Catherine Chabert），巴黎五大，2006年。——作者注

和教学措施。而在曲线的另一端（指的是资优者）却什么都没有。是空的，什么都不存在。他们就是智力比较强，因此没有任何理由去关注他们。没有任何理由去考虑因为高智力造成的特殊性和社会适应问题——而这让我非常、非常生气。

但是我也得承认，那个“智力缺陷”人群也是经过很长时间才被大家所接受的。事实上，人们花了几十年时间才明白智力缺陷其实属于精神残疾，因此必须全力关注这类人群。因此，可能需要等到人们的思想足够先进、神经科学继续发展，以及某些临床医生更新了自己的知识体系，才能让大家真正理解并帮助这些资优人，就像人们（不管出于什么原因）帮助那些需要减轻痛苦的人，或者我们这些临床医生希望看到能够身心愉悦的人。

第二章

为什么需要关注成年资优者?

Pourquoi est-il essentiel de s'intéresser à l'adulte surdoué ?

当我得知自己是正常人时，我简直是如释重负，因为我之前一直觉得自己与现实脱节，与社会不相适应，是一个没有正常生存能力的人。而现在我终于对我的问题有个说法了，即使我不是自由的，我真的有一种释放的感觉。

以上是一位43岁的女读者在阅读我第一本关于资优儿童的书[1]时发表的感想，而这也非常恰当地描述了这些资优者可以感觉到的新的希望，因为他们终于感觉到了一种归属感，感觉到他们是属于某个集体，在这个集体中，人们的大脑运行方式相似。成年资优者的问题比资优儿童的问题更为敏感。

1 《资优儿童，帮助他们成长，帮助他们成功》（*L'Enfant surdoué,l'aider à grandir,l'aider à réussir*），Odile Jacob 出版社，2002 年。——作者注

如果说人们能够接受（尽管还有所迟疑）处于发育阶段的儿童可以表现出某些特殊的资质，那么对于此类成年人——具有某种与普通人区分开的特殊大脑运行方式的人——则是难以让人接受的。这些成年人也能察觉这种大脑运行方式，但无法命名，别人也能感觉到这种方式，但本能地将其归为一种性格特点，一种个性，一种“处于社会边缘的”、“具有反叛精神的”或对朋友过于敏感的人格……因此，成年资优者便长久以来被困在一个镜子系统中，他能够看到自己多形的甚至经常是畸形的样子。

寻找自我……

资优者不断寻找自己的倒影、自己的身份。像所有人一样，他们也需要明白自己到底是什么样的人，自己的大脑是如何运行的，为什么别人喜欢自己，为什么自己被抛弃，自己具有哪些才能或真正的优势，自己真正的局限又是什么。这种寻找自我的过程是合情合理的，也是具有普遍性的。人们会在自己身上感觉到一个身份核心，人们围绕该核心构建自己，以该核心为出发点融入社会生活以及和他人的关系。从婴幼儿开始，我们就不停地努力理解自己，以便更好地理解这个世界和他人，从而更好地生活。根据人格的不同，人们或较有意识，或不太有意识地完成这一自然行为。有些人在生活中，有坚定的信心，给人以安全感，也能使人安心：事情必须这样做或那样做，应该根据情境的不同，做出适当的反应。而另一些人则比较犹豫，不断摸索，时刻不停地质问一切，质问生命的意义，担心一些小事会妨碍他们了解别的事物，对环境中最微小的变化做出反应，不断地重新开始一切事情以确保自己明白了事物的深层含义。他们总是感觉自己既和别人一起，又同时与别人存在距离。这些成年人比较难以适应社会，他们的生活经常与他们本身大相径庭，但是又假装相信生活……而所有人觉得，这一切都很正常！

他们这种特殊的困境逃不过有经验的临床医生的眼睛。生活出现问题、经受心理折磨（有时比较严重）的成年资优者为数不少，应该对此认真采取措施。如果他们将自己托付给了一些没有经验的医生或者更糟糕的是——拒绝诊断、盲目追寻一些诊断或治疗“朝圣行为”，只会加重他们的病情，加深他们的孤独感和无法理解这个社会的感觉。

谢谢。您无法想象自己觉得自己是个正常人是多么奇怪的事。这是多么矛盾的事！我在童年时期，特别希望与众不同。而当我读到您的书，它告诉我说“你就是与众不同的”，我觉得自己正常了。这种想法很愚蠢，但抚慰了我。……这是多么令人吃惊的事！我在阅读过程中一直热泪盈眶……您向我讲述了我的人生故事以及我说理时的状况。这让我如释重负。我从未接受过智商测试，但我总是怀疑一些事。当我面对别人时，总是有一个声音对我说：等等，这里有一个问题，别人的反应会和你的期待有所不同。很明显，如果一个疯子说大家都是疯子，他自己就是个疯子。那么我是疯子吗？

关键因素

感觉自己与别人一样，又与众不同。但是在哪方面不同？为什么不同？

保持这种与众不同的必要性，但同时不惜任何代价希望自己“是个正常人”，换言之，符合社会标准的人。

如果一个人不能与别人一样做出反应，要被质疑的不是别人，而是这个人自己。大众思维认为：如果我“与众不同”，如果我不能“像别人一样”做出反应，如果我不能“像别人一样”理解事物，那么我是疯子。

资优者需要被他人理解，真正地被理解，而不是像习惯上理解和对待与标准不同的事物那样：以精神病学观点进行解析。资优者与精神病患者在大脑运行方面有一个共同点：他们适应社会的方式与他人不同。一种“在世”的方式将他们与同伴区别开。于是，有时候就会出现混淆，可能将某个资优者诊断为精神紊乱，而他绝不属于“一般的疯”，而是属于特殊的人格，从词源学上讲，他与一般人不同。这可是有巨大差异的！

我想跟所有这些成年资优者说，对那些知道这一点，明白这一点，忽视但又完全感觉到这一点的成年资优者说，你们是一些特殊人群：

— 你们具有特殊的思考方式；

— 特殊的说理方式；

— 特殊的感知、理解和分析世界的方式；

— 高度敏感性；

— 强烈的易感动性；

— 一种难以抑制的想要知道和控制的需求；

— 一种强烈的对于周边环境和他人情绪的感受性；

— 一种不断质疑、对任何事情质疑的欲望；

— 让你们无法平静的敏锐的头脑；

— 你们认为自己是白痴，而别人却觉得你们非常聪明；

…………

这些特点让你们成了他人眼中的“陌生人”，而你们内心只是希望被这个世界接受，你们太了解这个世界，又对其一无所知，你们希望驯服这个世界，而这个世界却总是好像在逃离，你们希望通过这个世界被接纳，而当你们表达自己时，这个世界却抛弃了你们……

你们只是简单地希望自己被理解，让他人理解你们的特殊性。你们不强迫别人了解你们的本质：你们很清楚别人不能总是理解你们的说理方式、你们的质疑、你们的感觉，你们只是希望得到别人真诚的理解，互相尊重对方，尊重每个人的身份，而不论差异如何！

我们的世界多么奇怪！

差异性已经成为我们西方社会和西方政治中的主导主题：接纳差异性，所有差异性，现如今已成为一种积极的有动员作用的政治意愿。各个国家部门都对此倾尽全力，为了接纳那些特殊的人群、那些难以被他人接纳的人群，必须做出各种布置与调整，这些人群包括：残疾人、移民、流浪者……这是再好不过的事了！十分感谢这个社会，因为它懂得让每个人都各有其位是非常必要的。但是，当我看到资优者们从未（或过少）被我们这21世纪的社会所重视，我无法抑制自己心中的惆怅，这些资优者的差异性无法被肉眼所见，其差异性与残疾人不同，后者的差异性引起的不是羡慕而只是同情。总之，这些资优者在默默忍受痛苦，在孤独地寻求应对自己这种差异性的解决办法。这些成年资优者的困境以及如何融入社会的问题，如果不能得到大家的同情，也必须至少得到大家的理解。也许这么做会被贴上精英主义的标签，但是我必须强调，不要认为资优者仅仅意味着痛苦、失去理智或处于社会边缘，我们必须看到这些资优者身上的宝贵财富，必须明白他们对于世界的敏感性以及他们非典型的智力可以给我们带来各种利益！但是我没有想到的是仍然有人认为资优者是杰出的成功人士，是被最著名的高等院校录取的人，是在社会上拥有最令人羡慕职位的人！怎么还能够有这种想法呢？确定的是，那些认为资优只是一种运气的人忽视了这群脆弱的、感官感觉能力强的人身上的一切，而资优者只求一件事，就是自己也能被喜欢和接受。

超强智力会带来双重痛苦：它会让人饱受折磨，但是却没有人会同情受折磨的人。相反，它却会招致嫉妒和挑衅，并因此加重痛苦的程度。我们永远不会这么说别人：“他很招人喜欢，但是这个可怜的家伙，他太聪明了！”那么，如何容纳那些智力看上去过于强大的人呢？人们是否能够接受法国小说家、评论家、政治家安德烈·马尔罗（André Malraux）在《人类的命运》（*La Condition humaine*）中所描述的情况：“人在受苦，因为他在思考。”

埋头苦干者不是资优者……

这是产生混淆的根源。认为杰出的成功人士一定就是资优者。事实上，人们混淆了这两类人身上两种截然不同的特点。埋头苦干者的确具有高智力，但却是一种能够适应社会的智力，是一种和所有人的智力相似的智力形式，而且只是数量上有差别，而非质量上的差别。埋头苦干者具有数量上较高而质量上没有差别的智力。此外，具有这种能够适应社会的智力的人懂得在工作中将其智力最优化，并将其变成成功的力量。

这些人能够轻松地在学业和职场上获得成功，甚至从人文角度（取这个词最古典的意思）而言，他们是成功的。这些人是老师们心目中的好学生。这些人从幼儿园到职业生涯，一直名列前茅。当然，我们是需要优秀者的。这强调了竞争，不会让人认为有什么不公平。没有人认为一名比对手更“具有天分”的网球选手取得联赛胜利是不公平的事；也不会因为某位作曲家因为自己的天赋感动了成千上万的处于陶醉状态的观众，而认为这是不公平的事。那么，为什么智力是可疑的呢？对于这一切可能使之不快的人，我们可以退一步说：那些模范儿童，那些埋头苦干者好像会成为焦虑的成年人……

但是这些埋头苦干者与资优者不同：他们善于运用自己的潜力，使自身能够很好地适应我们的社会；而与之对应的资优者，则具有更加古怪的、无条理的、糊涂的、强烈的、杂乱的智力特点，这使得他们的“格式编排”更加困难。对于资优者而言，要战胜的首先是自己，是将自己对于世界的思维和理解驯服并疏通成线性、集中的形式，并同时抚平自己敏感性中最敏感、最痛苦的地方。这是资优者的第一大挑战。之后，也只有在这之后，他才能思考如何应对这个世界的问题？如何达到别人的预期？他自己如何成功？

一个常见问题：资优儿童会成为什么样的人？

这是一个反复被提及的问题。所有人不厌其烦地提出这个问题。资优儿童会成为什么样的人？他们成年后会是什么样？他们会变成什么样？

我首先想要回答的是：他们现在什么样，以后还是什么样。他们原来一直什么样，以后还是什么样。他们会按照自己的人格和人生经历构建成年时的样子。被生活和他人喜欢、陪伴、理解的不同和被排斥、被拒绝、被虐待的不同会让他们成为不同的人。他们会成为他们可以成为的人……就像我们所有人一样。

在这里我想引入的理念是，并非所有人的成长道路都是规划好的，大家的成长道路也是不尽相同的。我们每个人都有与他人不同之处。有的人成功地“利用”了这些差异性，有的人却“与之抗争”，甚至有的人在面对自己时如坠云雾中，只能摸索着前进，没有方向，没有目标，因此产生了一种持续的不满意的感觉。

而这对资优者也是适用的，甚至在资优者身上更为明显。也就是说，这对于一般人而言可能是痛苦的但却是可以接受的，而对于资优者而言，这将转化成情绪炸弹。一切都被扩大，变得更激烈、更极端。

成年人：曾经的早熟儿童？

你们是否觉得这样的小标题很可笑？我希望是这样！这是某家长联合会向我提出的作为一次讲座的主题。我们立刻就能看出这句话是没有意义的：这是否意味着如果我们丢掉了“早熟”就到了成年阶段，而早熟就变成了“过去”的东西，再也不是现在的东西？这太奇怪了……认为资优等同于智力发育的早熟，因此资优只与儿童有关的想法仍然是根深蒂固的！

家长提出的主要问题

围绕“成年人——曾经的早熟儿童”这一奇怪主题的上述小故事能够很好地揭示出这个问题的模糊性，但我们不能因此忘记对于某个资优儿童的父母而言，这个问题是合情合理的。作为父母，就有义务陪伴自己的孩子，让孩子幸福成长并成为可以幸福生活的成年人。我说得很简单，但这是很重要的内容。

资优儿童的智力和情感运行方式使得他们更加敏锐、更容易激动，而其父母也因此更加担忧。一个普通儿童，面对某一被强迫的事，尽管不乐意，但也会接受这件事，他会接受服从，不会无休止地争论，他也会因为父母的某些评价而伤心，但仍然保持情绪稳定……而资优儿童则不同，他会因为非常小的挫败或失望而勃然大怒，无休止地顽固地为某个指令而争论，也会因为非常小的负面的暗示而泪流满面……你们可能会说，这不是跟所有小孩一样吗？是的，但也不完全是。在这些资优儿童身上，一切都更加激烈，更加绝对，更加专横。在他们发育过程的每一个阶段，资优儿童都会表现出不同的特点，使其父母面对更加复杂的问题，而资优儿童也会不断地质疑父母。在资优者的人生中，学习期间将会给父母带来最多的焦虑和苦恼。

担心做不好，担心不知道怎么做，或者更糟糕的是，担心“搞砸一切”，每个父母都被这些担心所扰。

一种有利的情况：
在儿童时期被诊断为资优者

一名资优者在儿童时期是否被诊断出，以及诊断时的年龄对该资优儿童“长大会变成什么样”将会产生重大的影响。

我们可以区分出以下几种情况：

1. 在儿童时期被检测出的资优成年群体，高智力和过度易感性一直被认为是其人格的一方面。

2. 在儿童时期被检测为资优者，但一直未被认为是特殊儿童的群体。或者更糟糕的是，因为混淆了智力和成功而期待他们获得巨大成功。

3. 在成年阶段因为偶然、阴错阳差、好奇或与自己的孩子对比而被检测为资优者的群体。

4.最后，从未被检测出、很可能永远也不会被检测为资优者的群体。这些人逃出我们的观察范围，也肯定会给对资优者的理解造成偏差：他们是谁？他们的状况如何？他们的生活是什么样的？

这些资优者当中，那些冲破了所有障碍，并从传统标准看获得成功的人，在他们内心深处，他们到底是什么感受？他们对于这种成功是否感到满意？他们是如何处理自己的敏感性、情感性以及他们难以理解的对爱的需求？没有人知道！至少从科学角度或临床角度没有人知道。但是看看你们身边的资优者：他们当中某些人的梦想呈现在你们眼中，难道在这些满意的微笑之后，你们没有发现一丝摇曳的火焰？对我而言，一想到他们睡觉时或自己的生活中的形象，就会让我不安：当他们独自待在卧室中或独处时，他们到底是什么状态？

在那些从未被检测出的资优者当中，我们肯定也能发现很多不知所措的成年人，对于他们，我们不明白究竟发生了什么。他们从未能构建我们认为以他们的智力能力和人文能力应该可以构建的职业生活、情感生活和人文生活。他们“一事无成”或更有甚者，他们生活在社会边缘，没有真正的计划，无论是内心还是外在。我认为在他们内心深处，他们感觉到被抑制的部分，从未被承认的部分，一种无声的、从未表达过的反抗，一种能力被埋没的感觉（而这种感觉是想都不能想的）……这是一种沉默无言的、无法言说的痛苦，因为我们无法给不可命名的事物命名。对此，我们一无所知；对此，我们甚至忘记了词的存在。

我们是否可以尝试预后?

较早诊断为了更好地成长

如果资优儿童在发育的较早阶段就进行诊断，而且是在善意宽厚和受保护的环境中成长，他就更有机会健康成长并在成年阶段对生活感到满意。这是非常容易就能明白的。而这也是最好的预后！他的智力和敏感性和谐地融入他人格和身份的构建中。对于自己的理解让他在成长的每个阶段都可以赋予其生活经历以意义。他将一直身心健康，其人格的自恋基础很稳固，他也可以在信心满满的状态下生活。总之，他对自己感到“舒适”。

被检测出……却是被一种扭曲的或无知的诊断检测出

如果某儿童被检测为资优者，可他得到的唯一反馈信息是：你的智商比较高，你一定会成功！很明显，这神奇的智商，这种“奇怪的东西”，别人告诉他具有神奇的魔力，将会成为“资优儿童成长过程之外的成分”。就好像人们跟他说他运气好，拥有别人不具有的“某种东西”，这是一种珍贵的东西，但是对此又没有任何解释。

另一种版本："现在，我们知道你有很大的潜力，因此你得好好利用！"

这将导致无限的罪恶感：对于资优儿童而言，会造成真正的内心悲剧。即使他对此不发一言，这一内心悲剧也会影响他的一生：如果别人跟我说我必须成功，但如果我没有成功，那就证明我一无是处，我是个无能之辈，是个白痴。而如果我一无是处，那我继续又有什么意义？如果我没有成功，我会让所有人都失望，大家也就不再爱我，他们会抛弃我。如果我假定应该比别人多，而我真正的感觉是比别人少，更加脆弱，更加愚蠢，更加无用，那么我到底是什么样的人？所有这些问题都将进入资优儿童的思维和感觉系统。如果阻碍成功的困难继续存在，这种罪恶感将会变得更加强烈，他们的自我形象也会崩塌，心理障碍（有时比较严重）也将由此产生。一种恶性循环将笼罩在他们心里，而他们的未来也变得昏暗不明！

面对脆弱的儿童要小心谨慎——在解释诊断结果时要谨慎。对于他所经历的情况，需要给出准确的描述从而赋予其意义。要避免那些有时过于诱人的评价——不要告诉你们的孩子说你们很开心，你们放心了；不要告诉你们的孩子说现在大家知道他会成功了！这并不是资优的含义。资优是一种在世的方式，是一种理解、思考、论证、感觉的方式，其运行方式有所不同。即使资优者拥有真正的潜力和才能，他也需要父母及他人和善、坚定的陪伴。资优是一种脆弱的力量，可能发出耀眼的光芒，也可能令人赞叹不已，但是也会因为很小的冲击而折损。一定要小心谨慎，一定要有信心。

“我一直都知道，但如果有人跟我说：既然你很聪明，你一定要成功。于是，我就倾尽所能，就是为了符合别人对我的预期。但是我非常害怕：害怕做不到，害怕让别人失望，因为有人跟我说我必须做到。那些成年人，他们觉得我有这个能力。而我却感觉自己是个无能之辈！我非常害怕。但是，最后我做到了！如果大家认为成为数学老师是一种成功的话！但至少在和数学打交道时，我的思维不再混乱，而是变得有逻辑，虽然并不总是这样，但还算比较有理性，这让我很放心。当别人问我做了什么时，我没有什么要‘讲述’的。任何人对数学都不感兴趣，除了数学老师！”48岁的米歇尔说道。

人们假装无视或向孩子隐瞒实情的诊断具有高致病效应

某些家长有时会选择不将诊断结果告诉自己的孩子。为什么？因为他们担心自己的孩子“患上大头症”，担心孩子仗着自己的高智力而不再努力。这完全是家长自己的想法！他们只听到了诊断结果中关于智力的内容，对他们而言，这种令人骄傲的事，这种运气，不能“毒害”了自己的孩子。这其实是他们自己对待这一结果的方式。我们也遇到过一些家长，他们决定无视诊断结果。我的孩子很聪明，好的，因此，他必须成功，仅此而已。对于他们而言，他们没有了解诊断的所有方面，那么为什么要揭示这一诊断结果呢？对此我不做评价，每个人都有自己对待事物的方式，但是我觉得这种做法对孩子的成长是有害的。

隐瞒诊断结果，会妨碍资优儿童认识真正的自己。这就像在他成长过程中砍去了他身体的某一部分。而资优儿童面对某些情境时，会遇到各种困难，却不明白为什么，不知道这些困难从何而来。尤其是当资优儿童与他人相处时，有时他会觉得与别人不同，也就难以融入这个群体甚至感觉自己被排斥。结果是他很痛苦，却无法得知其中的原因。他将体会敏感性、对这个世界过强的感知、过强的易感性，而这些就像是他必须抑制的缺点。他永远不会明白自己人格中智力和情感的特殊性，也不会明白这些特殊性会使他成为具有宝贵财富，同时也异于他人的孩子。让我们进行以下比较：想象有一个近视患者，我们决定什么都不告诉他，而他的视力也将得不到纠正。对他而言，看东西很模糊将是“很正常的”，他会努力适应，并认为所有人都像他一样。在最困难的时候，他可能会认为这一切源于自己。他可能觉得自己很无能并贬低自己。他如何知道是他的近视改变了他的视力？他如何知道如果戴上眼镜就可以看得很清楚？而对于资优儿童而言是同样的道理：知晓，就是能够更清楚地看清自己和这个世界，就是明白他的与众不同是有原因的，这种差异是有说法的，人们对此是能够解释的。而这将改变一切！

基本知识总结

- 知道我们自己是什么样的人是明白我们将变成什么样的人的必要前提。这是自我构建的基础。
- 成年资优者的人格是以智力和情感运行非典型形式为基础而构建。了解这些形式，成年资优者就可以在完全信任自己的状态下生活。
- 成年资优者首先曾经是资优儿童；知道这件事能够让他认清自己，活出最真的自己。
- 资优儿童将会成为……成年资优者。
- 资优儿童是非典型的儿童，因此他也会成为特殊的成年人。
- 资优儿童会成为具有非凡才能的成年人，或者不会。这之间没有必然的因果关系。每个人都有自己的路。重要的是有一条路存在。

第三章

从儿童到成年：构建自我，困难重重

De l'enfance à l'âge adulte : la difficile construction de soi

儿童时期

八岁的皮埃尔向我解释道:“我来向您咨询,是因为我被他人排斥。”皮埃尔说这句话时用了联诵,因此我听成了:我是“扎巴尔”(Zapar)[1]。于是我回答他说:“啊,你来向我咨询,因为你叫扎巴尔?”这是扎巴尔奇遇记故事的开头,就像小王子的故事一样,讲述了扎巴尔的困境,他跑遍全世界,希望结交朋友,但却感觉如此孤独、如此伤心、如此与众不同。他害怕他人却又如此希望与他们一起,和他们成为相同的人。他不明白自己为什么被排斥,他渴望公平,渴望爱,渴望别人的宽容。经过几次接触,我逐渐了解了

1 “我被他人排斥”的法语原文是“Je suis à part”,皮埃尔说这句话时采用了联诵(suis 的 s 与后面的介词 à 连起来发音,成了 za),于是作者误以为皮埃尔说的是“Je suis Zapar”(我叫扎巴尔)。——译者注

扎巴尔的经历，我们也明白了他只能与自己的情绪沟通。他希望通过这种方式与他人、与世界保持联系。但是前路漫漫，前途坎坷，扎巴尔需要解决心中的谜团，对此，他经常一无所知。他希望逐渐被这个世界接受并结交朋友……与他相似的朋友！

我最近又回顾了这一案例，它充分体现了我们的小资优者在成长道路上可能遇到的种种障碍：理解与被理解，与他人的沟通（资优者的大脑运行方式却与他人不同），希望结交朋友（却遭到他人的排斥），强烈感受到他人的情绪（却感觉如此孤独）。资优者儿童与他人之间存在着永恒的距离，并且互相无法理解对方。

接下来，让我们再回顾资优儿童的成长经历，了解他们发育过程的重要阶段。

婴幼儿阶段

作为具有探究精神的婴儿，他不是在看这个世界，而是用自己的目光看透这个世界。他好像已经开始质问。这点是可以觉察到的。某些资优者的妈妈说，当自己还是婴儿的孩子用疑问的眼神看着她们时，她们感觉非常窘迫。有的妈妈甚至说她们会感觉到不安稳，就好像自己的孩子在确认妈妈是否能够正确地照顾他。

我真不敢跟您讲，但有时候他的眼神真的让我害怕。我感觉他在审判我。在这种情况下，我立刻将他交到我丈夫手中。

即使还是婴儿，他就开始使用各种手势、各种姿势以及模仿动作，他已经开始咿呀学语。他活泼、好奇，用自己非言语的语言质询这个世界。他最大限度地吸收周围发生的一切。

他很早就开始说话。他的父母经常说，当自己的孩子刚开始说话时就说得十分流利，他几乎没有经历“婴儿”语言的过程。“我”的习得非常迅速，句法也很正确，词汇丰富得体。

接踵而来的就是各种过早到来的问题，这些问题涉及方方面面，且无休止。资优者问题的主题是生与死的局限性。有一些问题让父母很苦恼，因为他们无法很好地回答：为什么人活着？生命之后呢？死亡是什么？在人类出现之前，地球上有什么？为什么存在人类？等等。问题在于我们这位未来的小哲学家永远不满足于含糊其辞的回答。他希望知道，他希望明白。他希望大人能回答他的问题。为什么？因为他会一直思考这些问题。而这些问题让他很苦恼。你们可能会说，这不是跟我们大家一样吗？是的，但不同的是，他只有两三岁，而向一个孩子解释一些我们无法给出满意答复的问题是很复杂的事。尤其是因为我们不希望让他苦恼，于是我们找到一些近似的回答，但这对他而言远远不够。于是，他又重新问问题，无休止地问。他需要确切的答复。怎么办？面对我们的不知所措，他慢慢地不再纠缠我们。他明白了我们无法回答。这让他害怕，非常害怕。但是他也会同情我们，因为他明白我们也害怕，而这害怕来自于他的害怕，而且我们和他一样害怕。于是他不断向自己提出这些问题。这样，他就独自面对自己。而当孩子不再提问时，父母会感到高兴，可他们却不知道在孩子内心深处，这些问题依旧困扰着他。我们必须知道，即使他一言不发，不再问问题，他也非常需要安心的感觉。

通常较早开始阅读。首先要明白一般开始阅读的时间是小学一年级。那么资优儿童为什么要阅读？因为他希望理解这个世界，并且他很早就明白语言能够打开无限的大门。而无限正是资优者们追求的！于是，他要求学习。父母们有点不知所措：他们有这个权利吗？学校的霸权使父母产生罪恶感，而父母们只能简单回应孩子的好奇心！实际上，他们有时会听到这样的话，说“不符合规定的”学习可能会对“学院派的”学习造成危害，这可能会给孩子的学业造成问题……我明白当老师面对家长假设性的强烈刺激时产生的担忧，老师也担心这个孩子成为“聪明的猴子”。但是面对仅仅关心孩子身上这种本能的学习欲望的家长，如果老师拿上述理由吓唬他们，将是非常危险的偏差行为！父母们，请冷静。如果您的孩子有学习的欲望，请帮助他。他只是需要一个向导，而不是一个师傅。他进入阅读世界真的是因为他想要探寻这个世界。这是非常好的预兆!

然后，很快地，孩子就能阅读所有内容。如饥似渴地阅读，而且他会兴高采烈。他会阅读燕麦片的包装盒、街上的广告、商店的招牌……他会欣喜若狂，现在的孩子都会说“这太棒了”。

自我构建的最初阶段

在资优儿童的自恋发展过程中，他会感觉自己具有某些能力。他会构建自信的自我形象。在这个阶段，尽管也会出现些许误解，但他得到更多的是欣赏以及父母的骄傲。人们会说他很机灵、“很有趣”。因此，就这个阶段而言，一切都很正常，或者几乎很正常。

学习阶段

最初的误解：无法理解暗含之意

“我上幼儿园大班时，老师会在黑板上写下星期和日期。然后她会问班上的学生。但没有人回答。那个时候的我已经会阅读会写字，我突然有一种想法，学校的规则是这样的：当老师提问时，学生是不能回答的。一直到小学毕业时我才意识到，之所以学生们不回答，是因为他们不识字！我之前一直没有弄明白他们保持沉默的原因，而得出了完全错误的规则！因此，在很长时间里，当老师向我提问时，我都没有回答。而在很长时间里，我也不明白为什么这样会让老师生气。这真的很荒唐。”这是22岁的阿蒂尔回忆这段不寻常的学习阶段时说的话，带着点忧伤，同时也带着些许生气。这段经历，在若干年后，仍然触动着他。对于自己无法理解一些事物，他仍然有点震惊，而这在他的生命中烙下印记，而且影响着他目前遇到的困难。他仍然觉得自己与社会脱节，并且总是在问自己，是否真的明白了……

这种故事，我可以给你们讲出一千零一个，但所有的故事都反映出一个事实：资优儿童无法理解学校中的一些暗含之意。或者更确切地说，他是以不同的方式在理解或阐释这些暗含之意。资优儿童与学校和教育之间这种根本性的误解影响了他与知识、学习和学习结果的关系，并导致了很多可预见的困难。这些困难将长期（一直？）存在，并且无论是对他还是对成年人都是无法理解的。怎么能够认为困难简单地来自每个人都以相同的方式理解事物的这种错觉，怎么能够认为资优儿童像别的学生一样，理解某个要求或者能够明白别人对他的期待。如果他不回答或者答非所问，这既不是一种挑衅，也不是放肆，更不是反抗，而仅仅是因为他没有理解！

在之后的学习过程中，会经常发现这些误解带来的严重后果。面对一句话、一个指令或者一个问题，资优儿童无法明白人们要求他做的事。他特殊的思维方式，与普通学生的不同，长期以来影响着他在学校的表现，使得他们回答问题的方式与所提的问题无关、不同甚至超过所提的问题。于是，他会答非所问，会离题或者交白卷，因为他确信自己不会做。

一名初中的法语老师讲道：

我发给学生一篇文章，要求他们解释（比如）为什么这是一段对话，我需要告诉他们首先要记下所有明显的因素。实际上，我所期待的并且应该记录下的内容是：这是一段对话，因为有两个人在说话，因为有引号，因为这些句子以破折号开头，就这些！没有必要再去分析、剖析这篇文章而得出文章的中心内容……这些是显而易见的东西，但如果我不清楚地详细进行说明，资优者是永远无法理解的。他绝对想不到需要做的仅仅是这些。

这位老师补充说道："我还发现，当我把修改完的作业返还给资优学生时，"他会说，"啊，原来应该这样做啊！这太简单了吧！"

恶性循环：从不理解到指责

我们非常清楚资优者的大脑运行方式使他们进退维谷，并将其置于互相不理解的恶性循环之中。教师认为资优学生蛮横无礼、挑衅，甚至是叛逆和抗拒教学任务。而学生则不理解自己出现各种问题的原因，无法认清自己特殊的大脑运行方式，以及为什么不符合学校要求，并且认为教师的指责是不公平的抨击，伤害了他自己原本自信的形象。谁可以帮助他呢？

需要确切性

为了能够回答问题或执行某个指令，资优儿童需要确切地理解。他经常会不按照要求做事，因为他是以另外一种方式理解的。他需要寻求确切性，这是一种适应的策略，但这经常被认为是挑衅或蛮横无理。

在问诊过程中，我问九岁的皮埃尔一个我会向所有孩子提的问题，他在学校哪方面表现最好。听到他的回答，我自己都有点难堪："在学校哪方面表现最好？在课堂上还是在课间休息时？"

这种对于确切性的需求也发生在词汇的字面解释过程中，这一过程往往是导致混淆的原因。"那么，泰奥，你假期会做什么？""我会照顾它。"这个七岁的小男孩这么回答我。我向他提了一个乏味的问题，而他也给了我一个乏味的回答！

开始失望

学校就是这样?

实际上，经常会出现这样的状况，资优儿童满怀好奇、迫不及待地去上学，几天后回家时却非常失望。他以为可以迅速学到一大堆新的知识，而事实上却是一直在气愤地粘贴彩色胶纸或上色。他经常会说：学校简直是为婴儿设计的。几个月、几年过去了，他又出现了另一种失望：老师对于学生是否知道答案不感兴趣！类似“你，我知道你知道答案”这样的句子将会对我们年幼而充满热情的资优学生造成很大的伤害。于是，资优儿童总结到，在学校，不建议知道太多东西。除此之外，高智力的悲惨命运在于，知道太多东西是其他学生不待见的，他们会把“这匹小斑马”当成受气包[1]！更糟糕的是，资优儿童可能还被称为小学究！于是，资优儿童就学着不说话，以防自己遭到如此不公正的指责。

害怕成为白痴或感觉自己已经是白痴：差距的陷阱

还有很多别的严重阻碍等待着资优者。因为资优儿童对此毫无预料，因此会更难面对。资优儿童习惯了迅速理解，毫不费力便能记住很多内容，学习也不需要太用功，但经常却做不

1 法语原文为 la tête de Turc，原来指的是“有土耳其人头像的测力计”，现多采用其引申义，即“被嘲笑的对象”“出气筒”等。——译者注

到别人要求他做的事。或者更确切地说，他做事的方式不对，因而出现了一些负面的评价和很低的分数。不知所措的资优儿童不知道该怎么办，也不明白为什么自己做的都是不对的。此外，在他周围，大家都很惊讶，类似“你可以做得更好的，你没有努力，你应该更加认真地学习”的话让他更加迷茫。没问题，但是如何做到？如果我们不知道如何解释自己困难的性质，那么如何让别人知道我们做不到呢？当然，这些困难和与众不同的智力导致的差距相关。但是，谁知道这些呢？这些困难还与难以进入其思维方式有关。无法论证一个答案（即使这个答案是对的），不知道如何论述、推理、组织思想（即使知道这些思想是什么），这些都是这种非典型的智力运行方式带来的后果，导致资优者无法符合学校的要求。

于是，面对失败，气馁的感觉就逐渐笼罩资优者原本良好的意志，他也逐渐确信自己是白痴或无用的人。失败的恶性循环启动，并给心理平衡、行为和自我形象造成很多严重后果。如果困难继续堆积，随着岁月流逝，这种恶性循环将很难停止。

资优儿童和学习障碍：一对假敌人

与普遍接受的看法不同的是，资优儿童也会遇到学习障碍。甚至目前的研究发现资优儿童出现学习障碍的频率是以前没有预料到的：大约1/4是发育性协调障碍患者（书写或组织协调困难）或诵读困难症患者，而超过10%的资优儿童患有注意力问题。难题在于这些障碍或紊乱可能在很长时间内未被发现，因为资优儿童以其智力掩盖了自己的问题，直到某一时刻，无法再掩盖，问题便爆发。于是，资优儿童将面对失败，这是他自己或者任何人都没有预料到的。与此相关的，便是自恋的崩塌。我们需要关注资优者的学习困难，这些困难可能有特殊的原因！

开始感觉厌烦

厌烦感源自资优儿童的节奏与其他学生节奏之间的差距：理解第一个单词时、第一次阅读并记忆时、第一次知道如何解释时。当老师以各种形式不断重复以确保所有人都掌握了所学知识时，资优儿童该怎么处理这段时间？学校的时光变得漫长，充满矛盾，因为在学校，资优儿童无法充分发挥其智力，因为教师的天性无法让资优儿童充分发挥其能力，因为学校课业太简单，导致资优儿童像空蹬自行车车轮一样轻松，但渐渐地让他失去动力，因此学校的时光就成了用来思考的“自由时间”。而思考或在自己的思想中行走，对于儿童而言会导致焦虑。因此，资优儿童通常不喜欢学校。在学校的日子对他而言漫长而无止境……厌烦感将毒害其学习过程，也可能导致一系列的障碍，进而使得其心理整合与心理平衡更为复杂。

难以和他人接触

“我身体中的一部分可以适应班上的其他同学，我可以与他们相处融洽。但是，我无法和其他任何人分享我生命中的其他部分，没有人明白对我而言什么最重要。”五岁的克洛艾还是个小女孩，已经迷失在课间休息的操场上……

如何交朋友，如何被爱……这是资优者一生要解决的关键问题。资优儿童很难在他人身上找到身份定位，他们既觉得和他人相似又有所不同，他们经常无法理解他人的反应或态度，有时好像能与他人相融合，但总是又觉得有差距……与他人的相遇被扰乱。更糟糕的是，与他人的相遇可能带来无穷尽的伤害。实际上，被他人拒绝、排斥或嘲笑都会随之而来，而资优儿童已被如此多的攻击震惊。但是，资优者却不知道自己身上究竟是哪些因素成为他人不断攻击的目标，而别人也不理解这个与众不同的却又扰乱他们的孩子……被称为“丑小鸭”的资优儿童忍受着这种被迫的孤独，并且感受到一种真正的自己是局外人的感觉。

能够领导别人的愿望是资优儿童与他人关系中的另一陷阱。资优儿童感受到一种迫切的指挥别人的愿望，因为在他们的内心深处，深信自己知道该做什么以及如何做。不是因为他们觉得自己更厉害、更聪明、更有天分，而是因为他们觉得只有这样才对别人好。作为小领导，他们不太能够得到大家的赏识。尤其是因为他们会经常恼火或有点暴力，尤其是男孩。因为女孩会寻求一致同意或者协商。女孩的行为方式更加巧妙，她们会寻求大家一致赞同，而不是武断地强迫大家接受。

过度的情绪

资优者的人格特点很难适应他人的生活方式。如果一个人非常强烈地感受到一切事物，包括他人的情绪，他就很容易受环境影响，而导致一些他人看来是过度的、无法适应的、非常奇怪的反应或行为。因为生气而突然流泪，对他人而言非常可笑、没有任何道理的不可理解的害怕，以及过度热情……所有这些情绪的过激反应都将使得资优儿童和周围的人分裂开，使资优儿童在别人眼中成为一个古怪的人，而他自己也会因为这些无法控制的反应而羞愧。

强烈的正义感也会让资优儿童总是对某事表态，不合时宜地干预一些事，或者出现过激的言语或肢体行为。在他和老师的关系中，这将给他带来严重的后果。很快，老师就会认为该学生的干预行为是不合适的。于是误解就产生了……

被学校生活破坏的信心

资优儿童与学校简单的相处会逐渐破坏其信心。从词源来看，信心（confiance）一词源自信念（foi），拉丁语为“fides”。信心意味着相信自己，相信周边的人，感觉我们可以依靠他人，因为他们理解我们。然而，对于资优儿童而言，事实经常是相反的。他不仅不再相信自己，他在学校的经历也让他深刻怀疑让他人理解自己、帮助自己的可能性。

在家里，情况也变得复杂

每天教育、抚养、陪伴一名资优儿童很有意思，会有很大收获，但是也需要旺盛的精力。从早到晚，从晚到早，资优儿童会提出各种请求，介入各种事情，讨论，论证，他从不满足于简单的解释，会不断想知道为什么，质疑所有的指令……为什么我必须做这个？这有什么用？为什么你这么要求我？为什么这是必须的？等等。资优儿童会尝试各种极限，通常让父母筋疲力尽、忍无可忍，让父母觉得无法承受。而资优儿童也能感觉到父母难以抑制他，这又导致资优儿童更加焦虑：如果我的父母崩溃了，那我该怎么办？

此外，感觉到自己父母的软弱和极限会使得资优儿童的身份认同过程变得更加复杂：像他的爸爸，像他的妈妈，把他们当榜样，而他们看上去太脆弱……不知所措的资优儿童，经常一个人构建自己的身份，自己为自己设立标准。这很不容易。

各种情绪爆发和眼泪：热泪盈眶或因为难以抚慰的情绪爆发倾泻而出的泪水；因为过于暴躁而突然生气；因为赌气而无

法进行讨论，对某一平淡情况反应强烈……这些都是情绪强烈易感性的表达方式。这对于所有人而言都是难以忍受或难以驾驭的。

与成人之间紧张的关系

资优儿童无法理解与成人之间的关系。对于他而言，他可以没有区别地同别人讲话，无论是大人还是孩子。对于他而言，大家都肯定会听他说话。刚开始时，他不会明白别人为什么埋怨他，为什么别人会告诉他不能问“大人”这种事情，为什么不能这么做。然后，逐渐地，他会明白不能这样，不能那样。他慢慢明白提问题是不好的事，这会妨碍到别人。逐渐地，他就变得沉默不语，将自己与他人隔离开，即使他还是不明白为什么他的问题会妨碍别人。

儿童时代畸形的反应以及危险

在儿童时代结束时，资优者心中的自我形象通常是被破坏的，甚至是畸形的。他觉得自己天下无敌，他觉得自己很迷茫。他相信自己，相信自己的能力，他感觉自己很脆弱。他想长大，他害怕世界的复杂性。他不再确定自己是否了解这个世界，是否能够面对这个世界。

这都具有危险：这是隐藏着的悲剧。资优者与他人在一起时，感觉自在，可以幸福地生活着，这肯定是大多数。只是我们不太了解他们，因为他们不来咨询，或者很少来咨询（作为预防），但是目前，对资优者大脑非典型的运行方式有了更好的了解，对资优者的陪伴方式也更加专业。

重要阶段：青少年

青少年时期让人担忧。与人生这一阶段有关的因素一下子被激活，让人觉得这一阶段如此困难、如此纷乱、如此棘手。

如果一个社会将青少年群体视为有既定标准、有同样大脑运行方式的团体，那么这样的社会是充满危险和偏差的。现在，如果我们是一个青少年，我们必须成为青少年应该成为的样子：行为、着装方式、反抗、要求等。市场营销也经历过这样的阶段……

从词源角度看，“青少年”一词来自拉丁语“adolescence”，意思是“长大”。

青少年时期是一个过程，一种运动。这是一种转变，涉及生命的整体，包括身体、心理、智力、情感和社会等层面。这是一个过渡阶段，一个充满活力的阶段，这不是完全意义上的身份状态。不能把什么都混淆起来！

青少年时期的一个悖论：既发生转变，同时又保持自己。身份是这一时期的基石。身份是青少年阶段的目标。

是的，当然，暴风雨可能统领青少年阶段；是的，青少年阶段是人生重要阶段；是的，青少年时期的某些危机可能很猛烈；是的，某些痛苦可能在青少年时期爆发。

但是，请保持谨慎的态度，坚持我们的理性。主要在以下两个方面：

“他今年六岁，但我感觉他已经是个小青少年了。青少年危机将会很严重！”在这种情况下，“地震”等待着我们，而这几乎是规划好的。青少年阶段的前景让人害怕，父母也非常担心。

“这很正常，他只是个青少年。”当这样一句无伤大雅的句子说出来用于描述一些问题时，一定要小心这种让人放心的平淡无奇的想法。将某些特别的偏差或痛苦归咎于青少年阶段可能不利于向该青少年提供实际需要的帮助。

我们在以上两种态度中看到了“青少年”这一概念传递的所有担忧和成见。陪伴一名青少年，就是帮助他成长、实现自己的价值、少一点害怕担忧，家长需要同时意识到并小心自己的孩子可能经历的错乱，但不要夸大或缩小这些错乱。这些错乱要有自己的位置，而父母有责任也有能力去抵抗这些错乱。这正是我们的孩子所需要的。

资优者的青少年时期：从错觉到叛逆

在青少年时期，想和其他人一样的愿望是强烈的。能否融入一个团体十分重要。为了让自己感觉到有存在感和被别人接受，需要和别人相似。因此，资优青少年不再想要自己与众不同，也逐渐无法忍受自己的与众不同。不仅如此，作为资优者，简直就很可笑、没有意义，像白痴一般。“这没有任何意义！”资优青少年经常这么强调。

资优青少年第一个真正的心理矛盾问题：自己对待事物的方式和自我构建的方式与众不同，并且绝对拒绝阻碍、扰乱身份意识的差异。

不可能的确信

资优者的思维方式总是在变化，总有各种联想，这让他们总是提出新的问题或新的假设，使得他们无法得到精确的单一答案。每一个新的回答导致一个新的问题。因此，他们一直处于怀疑状态，并且怀疑一切，从内心到外部事物。这种大脑运行方式会导致难以做出选择。面对如此多的可能性，如何做出选择？如果一个人无法平静地停下来对事物进行确认，如何做出选择？既然一切都可能被质疑，那么为什么要选择此而非彼？选择，也就意味着放弃……

我们非常清楚如果一个人永远无法停止思考，智力将会引起抑郁。

梅拉妮今年16岁。一天早上她来心理咨询，看上去筋疲力尽，并恳求道：“是否有一种药物能够让我停止思考？”

“人类用言语和思维简化了这个世界，因此人类就能够确信事物；而能够确信事物是这个世界上最强烈的精神满足，比金钱、性和权力加起来还要强烈。放弃真正的智力是为了能够确信事物需要付出的代价，并且是我们意识银行中无形的花销。”

无法选择的阶段

青少年时期是做出选择的阶段。要做出方向的选择，要为将来做出选择。面对青少年无休止的犹豫，成年人说出一些失去理智的话，这是真正充满矛盾的指令：现在你必须做出选择，因为你已经没有选择了……这种指令让青少年不知所措：做出选择对他而言已经是不可能的任务，而成年人竟然坚持认为他已经没有不做出选择的选择！如何走出这一死胡同？

集体意识

资优青少年往往具有强烈的集体意识。他们永远无法摆脱自己生活的环境。他们通过广角方式观察环境，使得他们无法聚焦自身，并使得他们因大环境中的因素而感到忧虑或满意。

因为还是太年轻，资优青少年无法接受不公平，他们也无法接受这个世界的不公平和不和谐……

20岁的于连最近跟我说："无论如何，在这样一个充满仇恨、冲突和不幸的世界，我如何承认自己是幸福的。对我而言，这不可能！"尽管他很爱自己的女朋友，他也无法接受自己是幸福的。

资优青少年不可能接受自私的幸福。他们无力改变世界，他们自己的生活也非常空洞。如果需要在如此不公平的世界上活着，且几乎不可能看到这个世界有什么真正的进步，那么为什么还要活着？我有权利幸福吗？在儿童时期，认为自己天下无敌的幻想、认为自己能够战胜人世间不公平的希望经常是非常强烈的。改变这种世界的方法占据着资优儿童一大部分兴奋思维空间。他拟定计划、方案，产生新的想法，他认为有一天能够实现。八岁的让说："等我长大了，我将要发明一种治疗艾滋病的药物。"因为他阅读过或听说过鼠尾草具有某些功效，于是他便在脑海里研制一种"有奇效"的植物配方。如同所有的孩子认为自己是万能的一样，他也相信自己有能力挽救艾滋病患者，但是他所关心的事往往超出他自己的能力范围。他所关心的事和其他同龄儿童的完全不同，实际上大部分的普通儿童根本不知道这种病的危害，或者，即使他们知道，也不觉得这与自己有关。

第二天早上，我跟妈妈说我不能总去学校。她问我发生了什么事，我回答她说：像往常一样，没有什么特别的。

—你生病了吗?

—我很伤心。

—因为什么?

—因为一切。

—什么？一切?

—我们冰箱里的肉和奶制品，马路上的殴打事件，车祸，还有拉里……

—谁是拉里?

—自然历史博物馆前的无家可归者，他在乞讨时，总是说：“我向您保证这只是为了吃点饭。”你竟然不知道拉里是谁，但你可能总是能看到他；……还有可怜的小孩，站在IMAX大厅的收款台时都看不见脖子；一想到有一天太阳会爆炸；我过生日时，大家总是送给我已经至少拥有一件的礼物；穷人会变胖，因为他们总是吃脏东西，因为这很便宜……噩梦；微软的Windows系统；老人们白天都没事可做，因为没有人想和他们在一起，而老人们也不好意思要求人们陪他们；秘密……好听的歌曲；一想到五十年后人类不复存在。

—谁告诉你五十年后人类不复存在?

…………

—你是一名乐观主义者还是一名悲观主义者？……

—我既不是一名乐观主义者，也不是一名悲观主义者，但我很乐观。

—那么你将不愉快地得知一旦可能，也就是说在不久的将来，人类就会自相残杀。

—为什么好听的歌曲也让你悲伤？

—因为歌曲都不是真实的。

—从来都不是吗？

—没有任何东西既是美的又是真实的。[1]

对于世界和他人过度敏锐让内心无法平静

即使是非常小的细节，尤其是情感方面的细节，也会被放大，产生巨大的影响，经常会使得情绪不可控制。情感上的敏感性，易受他人批评的影响，这些都会使资优青少年变得无比脆弱，因为他们不能置身事外，不能保持距离。这种过度敏锐又被他们的智力分析能力扩大。我们这里涉及的不仅仅是感觉层面，也包括每一种经历的情境的深入分析，需要进行非常细致的分析，其中任何数据信息都不能遗漏。

---

1 强纳森·萨弗兰·佛尔（J. Safran Foer），《特别响，非常近》（*Extrêmement fort et incroyablement près*），Éditions de L'Olivier 出版社，2006 年，法语译本，“观点”丛书，2007 年。——作者注

‖ 对自己毫不宽容的清楚认识

清楚认识他人，首先得清楚认识自己。资优者在进行自我分析时，没有任何让步，常常观察到自己的每一个缺点，每一个局限以及最小的错误。因此，对他们而言，自恋于他们变得异常困难。他们经常用残酷无情的眼光看自己，因此很难爱自己。

‖ 对身份识别造成阻碍的清楚认识

这种过分敏锐使得资优者很难预计到自己成年时将会是什么样：他们非常敏锐地分析将来的所有风险，并感受到一种真正的害怕，进而阻碍自身的发展。在青少年时期，智力尤其会引起抑郁。

第三个维度

我们非常惊讶地观察到，自少年时期开始，资优者都会从三个维度对待每种情境。首先他们体验这种情境；同时，他们与之保持一定距离，并观察情境，就像摄影中的仰摄手法；最后，他们还以观察家的身份观察这种情境。他们看自己如何行动、如何行为、如何思考。他们感觉自己既是演员，又是观众。他们会预测将会发生的事，别人会如何回答，别人的情绪（我们已经了解了资优者的移情能力），以及他们自己会说什么。资优青少年说自己无法用简单的方式处理事物，总是想要分析一切，观察事物最小的细节。

青春期突然到来，对情绪负荷产生抵抗

通常而言，是在青春期才开始认知发育的最后阶段：抽象能力、概念化能力以及假设演绎思维方式。但是资优青少年在很早以前就已经达到这一思维成熟阶段，青春期过程涉及的是早已成熟的思维方式。资优青少年会经常使用抽象化能力。青春期以及青春期导致的身体变化导致了一些敏感性和新情绪的出现，这会加强认知防御机制。资优青少年会尝试用认知的方式操纵自己的所有情绪，并使得自己与情绪保持距离。这样做有一种失去活力的风险：身体可能再也无法感知任何东西，或者内心一片空白，无法感知任何事物。智力/身体的割裂可能变大，并割断一切与情绪领域的关联。资优青少年可能将完全抑制自己的情绪，也可能出现或轻或重的偏差，成瘾现象或行为紊乱将成为主要的症状。

害怕爱情

恋爱就意味着任由其感情和情绪浮现。然而，这正是资优青少年所抗争的。他们对爱情的反抗经常是非常激烈的。对于青少年而言，危险在于一旦打开堤坝，他将被情绪的浪潮卷走，而他再也无法控制或制服这种情绪浪潮。资优青少年害怕这种情绪泛滥，害怕让别人看到自己的脆弱性和敏感性，害怕忍受痛苦。资优青少年经常使用幽默作为与他人交流和启动自我保护机制的方式。对他而言，这也是吸引别人的最佳武器。

青春期差距

资优青少年在学业上会处于领先位置，但可能会出现青春期差距，他会对此感到羞愧。

10岁的朱莉娅现在读中学二年级，她说："我不会去女同学家睡觉，因为洗澡时我会尴尬。我们班上的女孩子乳房都发育了，而我却没有，就好像一个婴儿。我感觉自己不是正常的。"

与同龄人的认同过程

对于资优青少年而言，与他人的认同过程是复杂困难的。在青少年时期，和团体中的人相处，属于某个团体成为一种规则，资优青少年感觉到的差异感将会更加强烈。在他尝试融入他人时，资优青少年总是能感觉到他和别人之间，甚至是和他的好朋友之间存在距离，就好像他永远不能彻底地存在。一种距离，即使这种距离微不足道，也能将他和别人区分开。另外，资优青少年经常很难对吸引其他青少年注意力的话题产生兴趣，他必须花费巨大的努力才能适应。然而，和其他人一样，资优青少年也需要团体进行自我构建。但是，他很难在团体中找到身份的依托，并因此陷入痛苦的孤独中。有一些人会因此将自己完全封闭以至于彻底与外界隔离开。如果资优者没有被及时检测出，他经常会感觉到在与他人的关系中出现的隔阂感，他也会害怕自己是疯子而不能融入他人。这种差异感会导致严重的不安，令资优者很难摆脱。这也再一次证明需要对资优者早一点进行诊断的必要性。目的是避免最糟糕的情况发生，使得资优者的发育状况尽可能最理想化。

在出现学习挫折时

因为对自己的特殊思维方式不了解，资优青少年也可能对自己的智商产生痛苦的怀疑，这种怀疑也会使其自恋基础变得脆弱。如果一个人从来没有真正认清自己是什么样的人，那他就很难将自己的思维方式融入自己的身份构建中。

儿童时期幻想的破灭

资优青少年最大的失望在于清楚意识到现实的局限性。而在年纪更小一点时，他曾认为自己以后可以做一些大事，可以改变世界，发明一种新的生活方式。而现如今，他突然意识到自己能力的局限以及这个世界的局限：原来的一切都只是幻想！于是，青少年会将“资优”看作非常痛苦的葬礼：自己某一部分的葬礼以及儿时幻想的葬礼。

父母所起的作用是极其重要的，因为资优青少年非常脆弱，他需要帮助，即使他所有的行为都表现为相反的意思。

过度恼火

在资优青少年身上，怒气可能是这一时期最明显的情绪。针对整个大地的怒气；因为自己与众不同而生气；因为自己没有像原本设想的那样取得成功而气愤；因为感觉自己不被理解而生气；针对系统、标准的怒气；以及因为生活妨碍自己存在而生气。

资优青少年特殊的病理形式

当资优青少年出现问题时，其病理形式和其他青少年的病理相同，但是有一些特殊性必须了解，这样有利于进行有针对性的治疗。

自我评价障碍以及抑郁

资优青少年的自我评价障碍是成体系的。资优青少年自我形象的波动会扰乱一切稳定性。有时，他会确信自己什么都能完成，有时又突然被深深的无能感压得透不过气来，有时因为自己的某些成功而沾沾自喜，有时又突然被意料之外的失败重重一击。资优青少年对自己的认知是紊乱的。

白痴？有天分？有能力？无能？如何在这种碎片化的矛盾的形象大杂烩中找到自己的位置？

严重的自我评价障碍通常与抑郁综合征有较大关联，并尤其会导致资优青少年的抑郁代谢失调。这些资优青少年围绕自我形象冲突进行自我构建，其自恋基础非常脆弱。

“尤其是不要再思考”：资优青少年抑郁的特殊性

除了与抑郁期相关的常见症状，资优者的抑郁可以被定性为关于空的抑郁。目的——不要再思考，尤其是不要再激活用来思考的可怕机器，后者正是痛苦的来源。这种抑郁型的空是抵抗思考的机制。这不是我们在其他临床状况中遇到的结构性空。对于资优青少年而言，思考是危险的象征性同义词，是死亡危险的同义词。通过认知进行自我防卫将阻止情绪干扰。在咨询过程中，对于我们提的问题，资优青少年不断重复“我不知道”。他不愿意，他也不能允许自己激活这种思考，再一次淹没在无法忍受的痛苦中。不再思考，意味着努力忘记没有答案的问题，关于自我、他人、世界以及生与死的问题。我们清楚对于治疗的抵抗非常难以缓和，治疗也是非常棘手的事。

智力抑制和厌学

对于资优青少年，抑制是一种融入他人的策略。停止自己独特的大脑运行方式，意味着试着与他人一致，也意味着不再忍受痛苦。在20世纪70年代，精神病医生阿兰·戈夫里（Alain Gauvrit）提出智力性厌食这一说法：尤其是不再耽于思考，且否认一切形式的智力。这里，我们回到自我葬礼这一概念：我的智力一无是处，它对于我是否能融入他人以及我的精神生活甚至具有危害性。唯一的出路就是“停止智力”。

这实际上是攻击自我，是反对自我的攻击性突变。

这一过程经常会比较极端，实际上会攻击智力潜力。智力抑制也会让资优青少年戴上假智力低下者的面具，帮助他不被人注意。

厌学是焦虑症最严重的形式。可不幸的是，厌学是资优青少年群体中常见的病症。这是从治疗角度看最难以治愈的病理，而面对资优者就更为复杂，因为其智力化机制和严密性逻辑很难减轻。重返学校？去做什么？为了什么样的未来？为了什么样的成年生活？这些青少年感觉自己处于无法忍受的死胡同，一切出路都不断被质疑。没有任何答案是满意的，没有任何一条路径拥有确定性，没有任何假设具有可接受的意义。

表象的反面：从自信到压力

“我知道你可以的。”“不管怎样，你总是能成功的！”但是当一个人如此害怕失败时怎么办？如何告诉别人自己感觉自己非常白痴，这样的自信会让未来之路更加艰难？如果父母认为我们可以成功而我们不能，这简直就是巨大的罪恶感在折磨我们。深深的羞耻感笼罩着我们。我们感觉自己如此孤独，如此无能。此外，面对自己的失败，如何才能不认为自己的确非常白痴，尽管有很多期待，尽管拥有所谓的智力？最大的危险在于痛苦的严重的自我贬低以及对自我感觉的进攻。

16岁的克莱芒丝现在上高二，她一直都是一名好学生。但她也总是怀疑自己，就像其他资优者经常质疑自己一样，常会发现自己的每个缺陷和每个弱点。但事实是她总是成功。现在——在青少年阶段——临近做出决定性的人生方向选择时，尽管她的害怕程度变得难以估量，她的自恋基础变得无法控制，她父母还是无条件地支持她。她试图自杀，她得过厌食症，她在课堂感到极度不适，她失去知觉，医生对此也无法解释，这些都没有动摇其父母对她绝对的信任，但却让克莱芒丝陷入了地狱般的内心混乱之中。为了帮助她，父母不断对她说：不要担心，一切都会过去，你会成功的……而这番话，远不能安慰克莱芒丝，反而增加了她的焦虑。面对自己的问题，她感觉万分孤独。那么，如果我们对孩子的鼓励反而成了孩子们焦虑的原因，而我们又知道这些孩子非常需要被肯定和鼓励时，该怎么办？的确，矛盾就在于此。正确的态度：平衡。家长应该恭喜他们，为他们感到自豪，但同时给青少年留出空间，在这里他有权处于困境中，他有权遇到挫折。家长也需要明白某些信号是紧急状况的提醒。家长也应该明白青少年需要听到这样的话：害怕是很正常的事，害怕有时候很痛苦，怀疑可能无法摆脱。经常，是父母在面对孩子的害怕时所产生的害怕感让他们有了这些态度。不否认别人的情绪，这已经是很大的慰藉，并意味着有重新调整心理的可能性。要永远记住这一点！

资优青少年的治疗

为了能够正确治疗资优青少年，还需要知道他是资优者的事实，并了解他大脑运行方式的特点，从而调整治疗方式。对于资优青少年而言，一位有经验的治疗师是必不可少的处方！在资优青少年的精神疗法过程中，治疗师必须介入，并且相信方法是可以找到的，相信通过移情、互动和动态的结合，可以找到适当的方法。我们只能期待这位资优青少年有所转变。治疗师必须勾勒出他认为最合适的途径。

对于资优青少年，我们不能牵着他的手，而是拖着他。

如果治疗师对一名资优青少年说：这就是我所理解的，这就是我们将要做的，这就是为什么这样能行得通的原因……这对于面对自己时比较迷茫、非常需要被承认的资优青少年而言，情况已经有了很大进步。如此，我们可以进行有效的、经验丰富的陪伴。

我们不要忘记安慰剂效应，其治疗效果如今已经在医学上得到广泛证明。如果人们认为某药物是有效的，大脑就会提前减轻疼痛感，并释放出一种类似吗啡的化学物质，可以减轻痛苦。在精神疗法中，也可以使用这种方法！我们千万不能忘记！

必须对认知部分进行治疗

有一个非常重要的治疗倾向：在治疗中必须考虑一个人的认知部分。在这样一种棘手的治疗过程中，温柔地耐心地陪伴资优青少年，这种方法可以让他逐渐重新驯服其思想。需要知道思维的风险是最难逾越的障碍，也是出现病理的原因。这种认知救护法在整个心理重建和自恋重建过程中都是必不可少的。对认识部分进行治疗，意味着需要能够将认知中介融到治疗关系中。这是一种不能不考虑的治疗手段。

必须进行兼收并蓄的治疗

对于资优青少年的治疗，也需要兼收并蓄：能够灵活地从一种治疗框架转换成另一种治疗框架，从而不断适应不同的痛苦症状。如果只在唯一的固定不变的治疗框架中，会将资优青少年禁锢在他很难适应的治疗过程中。

资优青少年：有经验的操纵者

治疗师同样必须意识到年轻资优者非凡的操纵能力。首先是资优青少年在测试心理师，他需要评估心理师是否具有理解自己、帮助自己的能力。这不是反抗，也不是无用的实力评估报告，而是资优青少年十分需要对自己周边的人进行分析，理解他们，以及他是否具有成功的天分。在某些情况下，为了让父母高兴，或者为了感受到秘密的智力喜悦，资优者会主动适应心理师的风格，根据心理师对资优者有何期待而调整自己。他通常会提前设想心理师的问题以及心理师的分析，而落入陷阱的心理师则会产生自己能力很强的错觉。而在之后的几个月甚至几年时间里，都是一些无用的治疗，让资优青少年陷入自己制造的错综复杂的困难中。实际上，资优青少年真正需要的是别人能够真诚地理解自己，并有效地帮助自己。他渴望帮助，但对于是否能真正得到帮助不抱幻想。

日常治疗场景：心理师和资优青少年

也可以将这种场景看作古罗马圆形剧场上斗牛士和牛的决斗：这简直是一场殊死搏斗。谁将取得胜利，心理师还是患者？或者是，心理师成功地让这位热衷于自我防卫的患者卸下防御心？这位脆弱的患者十分担心别人过于了解自己费尽心力保护的情绪经历。如果治疗师成功做到，他将会象征性地“抹杀”了资优者的防卫机制，“抹杀”了资优者那神秘的保护壳，但治疗师认为这样做对资优青少年完全有利。如果是资优青少年“获胜”，他将会从两方面成为失败者：他隐瞒了自己私密的伤口，并且再一次成功地战胜了别人，控制了别人，而他自己却是如此需要被帮助。这让他痛苦地确定没有人可以真正理解自己或帮助自己。对于患者而言，以下两种情况意味着“被处死”：首先是卸下防御心并接受他人的帮助；其次是承认自己脆弱，因为心理师成功了——他赢得了处于困境中的资优青少年的信任和尊重。

爱德华说道：

我的心理师摊牌太快！她本应该继续审问我一会儿。她抵抗了一小时，然后有点松懈，她的人格占了上风，以及她的敏感性。她应该很疲惫。这需要花费她很多精力！

从爱德华的话中我们可以看到这场战斗中需要耗费的精力，以及这场本身就不公平的战斗中双方需要付出的努力和压力。尽管不公平，这场战斗还是在同一场地上进行。至于爱德华，他出于同情放弃了战斗。他对于心理师的尊重要求他放弃，以免让心理师面临巨大的职业困境。他尊重她和她的能力，以及能够拯救他的东西！

我们还能做点什么？

“青少年时期是不应该错过的开始。”[1]

这很重要，需要信任。青少年时期如何并不代表未来就一定如何。我们的童年可能很顺利，但青少年时期很艰难；我们的童年可能很艰难，却能安静度过青少年时期；我们的青少年时期可能很痛苦，但却能成为幸福的成年人……

青少年时期是一种希望：牌被重新分配，这段时期结束时，生命的游戏将会以另一种方式上演。总是这样。对所有人都如此。不存在青少年时期的诅咒或不可逆转的障碍。

我与资优青少年的接触

我遇到过很多出现偏差，甚至有时出现严重偏差的资优青少年。刚开始时，他们都比较固执，经常发脾气，下定决心不合作，下定决心不让成年人高兴。但是，当我们了解了这种抵抗所掩饰的东西，当我们知道他们隐藏着的脆弱，当我们掌握了某位资优青少年的智力和情感运行方式，我们就可以在良好的情况下和他谈话，谈论他。和资优青少年一起时，需要话外音，需要告诉他我们理解了什么，需要表达出他拒绝接受的东

---

1 菲利普 · 雅梅（Philippe Jeammet），《青少年》（*L'Adolescence*），J'ai lu 出版社，2004 年。——作者注

西。慢慢地，资优青少年首先会有些惊讶，然后感到轻松，因为终于有人可以用正确的字眼来谈论他，而他也会投入这种特殊的关系中，在这里，我们遇到另外一个人，而这正是为了更好地遇到自己。下的赌注赢了，差不多赢了，可以投入这种关系中，治疗过程开始。而这一治疗过程很快就变成一种“同谋”关系。我平心静气地这么说，但可能会冒犯一些传统的心理师：如果不能和资优青少年“串通”，一切都无法进行。心理师也必须直截了当地开始这一段关系，不能使用任何操纵手段。这是唯一能够赢得极度不信任别人的资优青少年信任的方式，而资优青少年也只有在确保双方都非常真诚的情况下才能和别人合作。就是这样。

16岁的菲利皮内走进我的办公室，一副赌气的样子。她非常了解心理师！她见过很多心理师！她的父母领她看心理医生，但是她长久以来一直明白心理师毫无用处。这也是她希望向我明确传达的信息。我没有对她所说的话提出异议，对于她挑衅的态度，我也没有做出反应。我只是在她旁边“指出一条路”。我对我所理解的做出解释，比如为什么她不舒服，为什么她感觉不好，感觉如此无能。我表达了我相信的以及我觉得对她而言必不可少的，就好像我几乎不关心她的存在和她的反应一样。这出乎她的意料。慢慢地，菲利皮内先是偷偷看了我一眼，然后从她的椅子上坐直了身子，露出了腼腆的微笑，但她还是想掩盖这一微笑……我知道，我赢了！信任建立起来了。治疗工作可以开始了。我更喜欢使用合作一词。实际上，现在我们需要一起去寻找捷径，让她走上一条适合她的路，在这条路上她可以感觉舒适。

当大日子来临时：成为成年人！

这有点像顿悟一般：在儿童时期，人们总是会想“当我长大时”会怎样，以及这种状态可能包含的希望，并且有这样一种幻想：我将可以做自己想做的任何事情！

但是什么时候我们算是成年人呢？这是一个事实还是一个概念？

这可能是一个梦想，但总是难以实现。在别人眼中的成年人和儿童/自己感觉是成年人之间存在着一条鸿沟。我们中有多少人感受到了这条鸿沟？当我们小的时候，所有人都设想过成年人是什么样，但这与现在感觉到的一点都不吻合。

成为成年人，就是牵着我们曾经是个儿童的手

“电梯里的这个男人，只比我大一点，我向他礼貌地问好，他是否知道跟他说话的只是个小男孩？我有点惊慌失措，跟大人说话时有点局促不安。尽管我也有50岁了，但他把我当作

大人仍然让我感觉惊讶，是的，几乎有点受宠若惊，觉得难以置信。虽然上了年纪，他在内心可能认为自己还是个孩子，但这是隐藏在心底的秘密，谁也不知道此事，因为从表面上看，他已经是个60多岁的老头……这世上没有大人。只有假装已经长大的孩子，或者已经长大但是无法完全相信这一事实的孩子，他们无法抹去自己曾经是个孩子的影子，其实他们一直是这样，他们自己身上一直留存着儿时的影子……”[1]

于是，有时候，我们会扮演成年人，假装自己是成年人，表现出一副成年人的样子……就像一个孩子一样胡思乱想！有时候会怀念人生中的这段美好时光，那时，我们可以让别人带领，让那些我们认为是真正成年的人带领！尽管我们不总是同意或他们的行为让我们伤心！我们让孩子们以为他们知道一切，什么事都能做，是万能的，或差不多是万能的，而当孩子到达这个年龄段时，他们会发现一切都是虚假的：我们还是一无所知，我们还是不知道怎么做，我们还是担心害怕。非常害怕！这种害怕甚至比小时候更加严重。现在，可以向谁寻求安慰呢？即使是短暂的？我们明白了！我们明白即使成年了，我们也不是万能的！而且尽管前路丰富多彩，但是依然坎坷。

1 安德烈·孔特-斯蓬维尔（André Comte-Sponville），《人类生活》（*La Vie humaine*），Hermann 出版社，2005 年。——作者注

资优儿童已经懂事很久

资优儿童在成长过程中，一直是懂事明理的。他感受别人的能力、他的情感接受性、他的感知能力和分析能力，都向他传递信息：注意，这是诱惑！他很早就确信成年人和成年人试图表现出的形象是不一致的。他很早就知道作为成年人是一项复杂的、曲折的任务，对于这一任务，人们还鲜有现成的应对方法，因此需要不断进行调整。资优儿童很早（过早）就明白成年人需要面对的生活的孤独比儿童时面对的要更强烈。当我们是成年人时，即使被爱包围，还是感觉孤独。于是，资优儿童，以及资优青少年，害怕成年阶段的到来。尽管他迫不及待地想要独立，但是他并不着急。他怀疑自己是否有能力面对生活的复杂，因此变得更加害怕。他担心普通的幸福无法满足自己，他担心永远无法实现自己的梦想，但他更害怕这种程序设定好的孤独。对他而言，情感是如此重要，与他人的联系以及他人的眼光如此重要。对他而言，情感介入只能是绝对的。

资优者的困难并非与他们的与众不同直接相关，而是与他们认为自己与众不同的感觉直接相关。

第四章

发现自己是资优者

Se découvrir surdoué

我不可能是资优者，我非常白痴！

很少有人直接问自己是或不是资优者。原因有很多。首先是因为词汇的模糊性。

我们可以认为一个孩子在智力方面可能处于超前状态，他可能是过早的聪明，或者他可能是异常聪明，但这些最终都只是相对于某个“标准”而言的比较。即使认为存在快速发育是错误的观点，我们仍然可以接受一个孩子“在智力方面早熟”。到了成年阶段，一下子都失去了意义。这个概念成了无效概念。

资优？如果这意味着比别人多，或更糟糕的是比别人好或者被证实的确有天分，那么自认为是资优者就会导致自我夸大的认识……这与真正的资优者心中的自我形象完全相反。智力的第一效应便是怀疑……自己的智力！我们可以就此得出结论，当一个人是资优者时，他丝毫不会认为这与自己相关。当然，这指的是那些之前没有被诊断为资优者的人。

为了在成年阶段能够认为自己是资优者，需要抓住其所有维度和所有细节；需要明白这涉及的不是高等级智力，而是具有特殊组成部分的智力，这种智力改变了观察世界、理解世界、分析世界的方式；需要明白情感维度是资优者人格的主要组成部分。资优最终可能意味着首先用心思考，之后才用大脑思考。

资优，总是具有以下双重特点的人格：具有从质量上看与众不同的大脑运行方式的强大智力，以及充满生命各个阶段的强烈的敏感性。

如何发现自己是资优者?

经常是通过自己的孩子……

这可能是最经常出现的情况。当孩子被提问时，无论原因如何，父母会感觉到这是针对自己的双重质询。

1. 当父母看到孩子所经历的，看到孩子处理某些事情的方式，看到孩子可能遇到的困难，父母会产生一种似曾相识、似曾经历的感觉。

2. 我们在描述孩子的心理检查结果时，会描述孩子的大脑运行方式。通常会有十分惊人的发现。我们在谈论孩子，但父母会突然感觉这与自己直接相关，他们被听到的内容所触动。他们会产生一种奇怪的感觉，认为谈论的是他们。于是，他们有时会害羞地问这是否“具有遗传性”，他们自己也以同样的方式经历过同类的事情是否是“正常的”……我们能感觉到这些父母内心已经惊慌不已，虽然他们试图掩盖自己的不安。于是，我们有时候会建议他们下次单独来进行心理咨询。或者，有时父母自己会这么要求。他们会因为自己竟然认为这样的事与自己相关而觉得非常羞愧……

……或者有时是通过别人的孩子

这种情况也是有可能的。我们听说周边某个孩子被诊断为资优者。我们通过其父母谈到这个孩子或者我们曾经和他度过一些时光。然后，镜子效应起作用了。如果这个孩子是资优者，那么这是否也是将我和其他人区分开的因素？资优是否是我在自己身上隐约感觉到的东西？

很少是通过自己

这种情况是很难想象的。我们在前文中说过，自己觉得自己聪明，或者更确切地说，觉得自己聪明的方式与众不同，通常不是那些高智力者的行为。谦卑、怀疑、质疑自己，通常是资优者思维的无意识行为。

需要有一些接触、听到的信息以及偶然的阅读等才会出现些许悄悄地议论。成年人通常是在他人的目光中寻找肯定。他会提出一些自己认为是无关痛痒的问题，他会向那些自儿时起就认识自己的人询问一些关于自己人生某些阶段的事，有时他会寻求专家的意见。但很少通过直接的方式。那太难了，太复杂了，太大胆了。

成年人可以自己一个人继续这条他认为既有希望又危险的道路。有时候他会认为这条路可能将他带向他自己……一想到这点，他会有些羞愧。

35岁的奥萝尔刚刚读完一份关于资优者大脑运行方式的描述，说道："我完全是这样的人，但我不聪明。"这很说明问题，不是吗？

但是，在资优者内心深处隐藏着微小的声音，有时轻轻地在耳边说一些话……这微小的声音说"为什么不呢"，这微小的声音强调说我们多像资优者啊。需要认真聆听内心的声音，它们经常是对的，因为它们深深地扎根在关于我们自己的认识中，而我们从来无法表达出这些认识，因为它们传播着内心的知觉，我们最终会相信这些知觉，而不敢将之据为己有。

如何知道自己是否为资优者?

首先需要做心理检查，也就是向自己发问，同意去咨询心理师并向其谈及对自己的发问情况，接受检测，最后对自己进行分析，反映出自己到底是什么样的人，自己可以接受或拒绝自己身上的哪些部分。做心理检查就是去探索自己的内心却不知最终将发现什么。

心理检查是什么?

心理检查是一整套目的在于对个人进行整体了解的测试。为了保证全面性和可信度，心理检查必须包含两大部分：

智力评估，能够对智力和可用认知资源进行分析。

人格分析，目的在于了解情感组织状况，并评估心理平衡。

对于智力的评估只有在人格整体分析的框架中才有意义。单独的智力量表只能反映人格的一个方面，对于人格的诠释可能受到影响或是出现错误。

心理检查必须全面，且由一名有经验的心理师完成。只有心理师才有资格进行有效的检测，只有心理师才有能力完成心理检测并对其进行分析。其他任何分析，其他任何普通医师，无论在其领域多么有能力，也无权进行心理测试。

心理检查不能简单地概述为一些结果，而应该对心理测试可以定位的人格进行各个维度的深入分析。

哪些测试？

目前有很多种测试，但是不同的心理实践会偏向不同的测试方法。

对于广义上的智力运行方式和智力而言，常见的是韦氏成人智力测验（WAIS）。其他测试，比如卡特尔矩阵（les matrices de Cattell）、Rey图形测验、D48测试，则根据心理检查的目标，丰富了对于智力运行方式的了解。

对于人格的分析：投射测验（通过提供的图像投射出一部分人格），主要是墨迹测验（Rorschach，也称为罗夏克墨渍测验）。长期以来，一些精神分析学家运用自己的理论对该测验进行诠释，改变了该测验最初的用途。得益于以普通心理学研究为基础的严密广泛的分析[1]，罗夏克墨渍测验重新找到了自己的位置。得到正确运用的罗夏克墨渍测验是心理情感运行方式和可能出现的心理脆弱完美的“写照”。由祖林格（Zulliger）研发的Z测试，是一种更加简洁的版本，但其分析标准与前一

1 尤其是约翰·艾科纳（John Exner）做出的杰出贡献。——作者注

种测验相同，也能进行充分的诠释。在其他人格检测中，我们也能发现关于自我评估、焦虑和社会关系的标准化量表。这些测试均以最严格的方式对人格进行分析。

韦氏成人智力测验（WAIS），是一种智力测试

韦氏成人智力测验是针对成年人的智力量表中的最佳选择，也是世界上使用最为广泛的测试。韦氏成人智力测验是心理师用来评估整体智商的工具。该量表的目的在于获得整体智商分数，能够最准确地反应一般智力。

我们不要忘记智商并不是绝对测试分数，而是相对测试分数。这不是对智力进行衡量，而是智力的体现。智商体现的是以同一年龄段的人群为参考，被测试者运用自己的智力能够“生产”的东西。

韦氏成人智力测验包含11项测试（以及3项可选测试），每项测试都能对某一智力维度进行检测。这些测试被分成两组：语言量表和操作量表。

语言量表测试是传统上被认为与习得的知识、记忆力、数学能力最相关的测试。这些测试在某种程度上参考人们具备的智力知识，这是文化、学习和经验的结晶。这也是心理师所说的结晶智力。

操作测试是一些新颖的任务，这些任务是否能成功完成只

取决于被测试者在测试的当下需要激活的能力以及新的认知策略。这是流性智力，取决于之前所有的学习，也最精确地反映了被测试者所具备的智力资源。

韦氏成人智力测验，16岁至89岁人群均适用的测验

韦氏成人智力测验适用于16岁至89岁的人群。如同韦克斯勒（Wechsler）其他的智力量表，这种测验的形式大约每十年都会进行修订和更新。当我们接受韦氏成人智力测验时，需要确认所使用的版本是否为接受测试时现行的版本，以防止出现失去可信度的结果。韦氏成人智力测验的各种版本存在于大部分的发达国家，根据不同的文化有不同的设定情况。

理解并分析结果

对于智力测试分数进行的分析使得我们可以得出一系列指数，能够勾勒出精确的智力测验图。

测试总分，即总智商值，能够反映一般智力。智商的另外两项测量可以使智商的测定更加精确：语言智商和操作智商，能够体现被建议测试的两个类别，即语言量表和操作量表。[1]

1 注意：在最新版本的韦氏成人智力测验之6岁至16岁人群的智力量表中，语言智商和操作智商值已经不存在。只有四个指数：语言理解、感觉组织、工作记忆力和处理速度，能够对测试进行分析，并构成总智商值。——作者注

其他四个指数将和不同测试中得到的分数一起被计算：语言理解、感觉组织、工作记忆力和处理速度。

除了这些测试分数之外，可以对分数、量表、指数之间的比较进行研究分析。从韦氏成人智力测验中可以用外推法计算出50多种数值。

这些结果的分析也能够使得我们对智力运行方式及其各个方面有全面深入的了解。

智商测试分数如何分布（以及每个指数的分数如何分布）

测试分数围绕一个平均值分布，分布方式遵循所谓的“正态”分布法，由数学家弗里德里希·高斯（Friedrich Gauss）（他也是资优者）提出。这就是著名的钟形曲线。

在以下统计结构中：

平均智商=100，

置信区间（标准差）=15。离平均值越远，智力值与“正常值”相差越大。

我们可以得出以下分布方式：

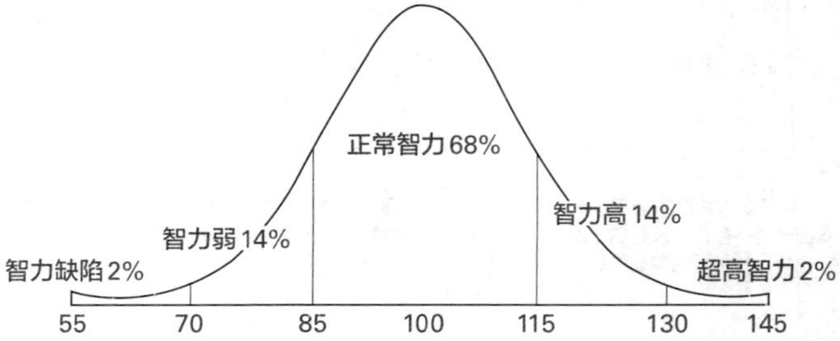

得出资优者的诊断

如果总智商分数超过130，则可考虑诊断为资优者，这相当于超过平均值两个标准差。

另外两种智商，即语言智商和操作智商的测试分数越一致，就越无法做出诊断。

如果所有的指数都超过130，意味着智力潜力特别高。

这里讲的是最佳诊断条件，能够让我们立刻做出判断，并确保能将可能出现的错误降至最低。但这不意味着我们可以满足于这唯一的评估方式，必须进行补充测试才能全面地了解人格，另外，评估智力运行方式在心理动力学中的重要性。只有利用这种整体诊断措施才能确认诊断结果，并从各个维度理解人格。

目标是评价帮助和陪伴是否完全符合这个人，是否符合其人生经历。

诊断措施：当测试分数无法十分说明问题时

诊断措施应当总是整体措施

诊断是复杂的临床步骤。根据某一个简单的征候不能做出任何诊断，无论这个征候如何。只有一系列征候才能为临床结果定向并最终确认临床结果。

当我们进行心理检查时，我们需要遵循决策树：根据获得的结果或在测试过程中出现的假设，我们建议进行某种测试，从而以最好的方式确定人格的运行方式以及其可能出现的障碍。而这属于人格的智力或情感范围。

心理检查是一种动态的步骤，需要根据个人进行调整。

智商值不是一次诊断，只是能够为诊断指出方向的指数。

诊断是临床医生的鉴定综述，是他在和患者接触过程中，其专业和经验的成果。

当心理测验图不能直接说明问题时

焦虑

从若干方面看，如同韦氏成人智力测验的测试是需要谨慎对待的。导致受检测者焦虑是其中主要因素。在接受测试的过程中，成年人的焦虑是非常明显的，主要表现为两个方面：积极的方面是能够以最优的方式调动其所有资源，消极的方面是最终因为过度焦虑而抑制了其智力的发挥。因此，可能导致整个测试分数因为焦虑而降低。更经常发生的情况是，某些测试非常失败，而别的测试却成功了。需要了解的是，在韦氏成人智力测验中，焦虑导致的后果会因为测试的性质不同而变化。

被干扰的心理状态

例如，抑郁会大大减弱智力潜力的发挥。如果我们出现了抑郁的情况（得到心理检查其他测试的确认），则必须在考虑到抑郁情感发病率的情况下对韦氏成人智力测验的测试分数进行诠释。其他所有心理障碍都会对测试结果产生影响，并都应该记入诊断步骤中。

特殊困难

曾经得过的某些心理障碍可能在有些人的成年阶段留下后遗症：诵读困难、发育性协调障碍、注意力集中问题……这些可能在不同的情况下表现出来。

两个量表之间的差异

在某个量表中的测试分数非常高，而在另外一个量表中测试分数却低很多，需要根据差距的不同对此进行研究。

当语言量表明显成功时，我们可以认为智力投资对于接受测试的人而言非常重要。在智力被用作抵抗机制时，依靠其知识、记忆力、逻辑和抽象能力，可以反映出心理紊乱。这一差距也可以通过两个量表测试性质的不同进行解释。在语言量表中，我们可以更加容易地激活那些能融入记忆力中的智力资源，在日常生活中，大脑通过这种智力运行。相反，在操作量表中，重要的是动员不常见的能力，而这对于某些人而言似乎有点难，因为他们认为自己是白痴!

操作量表中的高智商水平意味着强大的智力。存在潜力，但是该潜力表现过程中存在的某些困难阻碍了其体现和充分发挥。对于那些在测试过程中与他人关系的压力或抑制阻碍了用言语的方式表现自己能力或知识的人，也能发现这种状况。在语言量表中，心理师采用了直接的语言互动，而操作量表中的认知活动则是非语言的且更自主的。对于某些成年人，很难支撑这种关系。如果需要单独一个人做事时，一切进展顺利。但如果需要告诉别人一些事，他们就会感到很不舒服。

这是很寻常的状况。也可能存在其他组合情况。

当我们习惯了和资优者接触时，很快就有了诊断假设，并且这种假设很快就得到确认，甚至在还未进行测试前。对于有经验的临床医生而言，这是非常明显的！换言之，测试确认了专业眼光一下子就能明白的事……但这并不意味着测试无用。事实上正相反。对测试进行阐明非常重要并且不可缺少。

心理检查不存在好的结果或坏的结果。一次心理检查总是能够让我们更好地了解自己，使得我们在生命前进过程中得到一些关键性对策。

接受心理检查是勇敢的行为，这是一次与自己真正的接触。

需要记住的

1.永远不能只局限于一项测试，更不能满足于简单的智商分数。

2.必须对所有征候进行研究，也必须对这些征候之间的关联进行理解。

3.在智力量表中，除了测试分数外，还需要对作为智力运行方式基础的推理的过程、策略和性质进行分析。我们应该对如何和多少更感兴趣。

4.思维过程通过智力和情感变得清楚。智力和情感互相不能缺少，任何一方面不清楚，另外一方面也无法被理解。

5.即使智商测试分数没有达到传统意义上的标准，也可以诊断一个人为资优者。只有对心理检查进行全面深入的分析才能帮助我们理解智力的运行方式以及人格的结构。智商是得出诊断的必要条件，但不是充分条件。

6.即使一个人智力量表的测试分数非常高，也可以得出非资优者的诊断，但我们仍然可以说他具有高智力。

7.只有心理师才可以根据预计的诊断步骤确定相关测试的性质。只有心理师的诊断具有临床价值。

8.心理师必须总是对完成的心理检查提供详细的口头和书面报告。任何一种根据一份书面文件获得智商分数而没有其他解释的做法，或者只是根据某位没有能力的心理师的话而完成的不正确的医学伦理做法都只可能是天方夜谭。

一种或若干种智力?

针对传统的智力测试最常见的批评在于，这些测试只考虑了智力的一部分。尤其是所谓的学业智力、语言智力、逻辑—数学推理和视觉—空间能力。的确如此。但是需要明白的是，像韦氏成人智力测验的特殊性在于其有效性。换言之，研究证明了这一测试与其他以不同形式评估了智力的测试之间的关系：在韦氏成人智力测验中获得较高智商值，意味着在别的智力测试中也可能获得较高的智商结果。这就是我们说的某测试的有效性，这也区分了标准化测试和不具备科学有效性的测试。

此外，智力的其他形式（情感的、音乐的、内心和人际间的……）也能体现出个人能力和人格资源。这些智力形成的确也很重要。这些智力的形式很明显都包含在一般智力中，但是如果这些形式与总体评估孤立开，就没那么重要了。

网络上测试的可信度如何?

接受网络上的测试是以一种游戏的方式对自己某些领域的能力进行检测。这可以让我们明白自己可以成功地做成哪些事，可以解决、理解哪些事，就好像是一幅需要完成的肖像草图。换言之，完成一些大众测试是有教益的，因为这是一种检测智力的方式，其结果虽然可能具有某些指示意义，但是不能与诊断相混淆。就像所有其他诊断：我们可以通过自我诊断或者网络上、杂志上、书本里的描述发现一些病症或健康问题，但这永远不具有医学价值。这些征象或征候必须得到专业人士的确认。

网络上的智商测试没有得到科学验证或标定。这些测试没有标准化，其结果只相对于其目标而言具有可信度：尝试对自己进行了解。仅此而已。

智力检测的历史……你们知道吗?

最早的标准化智力测试由两名法国人比奈（Binet）和西蒙（Simon）于1905年应法国国民教育部的要求发明，目标在于评估……精神发育迟缓！之后是在成年人精神病医院中工作的美国心理学家丹尼尔·韦克斯勒（Daniel Wechsler）于1939年将这一测试改编成适用于成年人的版本。第一套韦克斯勒智力量表由此诞生，之后被其儿童版本代替。目前存在三种量表形式：针对6岁以下儿童的韦克斯勒学龄前儿童智力量表（WPPSI），针对学龄儿童的韦克斯勒儿童智力量表（WISC），针对成年人的韦氏成人智力测验（WAIS）。这些测试在心理诊断中具有参考价值，并能够得出有效的智商值。某些智力测验（能够评估智力的测试）的历史更悠久。军队在征兵过程中一直广泛采用智力测试。也存在很多其他版本的智力测试，这些测试被用于不同的职业部门。测试的不同与各部门职责不同相关，每种测试根据应用范围而追求更加特殊的维度。需要检测的是特别的智力能力：技术、人力、艺术、文学、数学……只有得到认证的心理测试才有可能对一般智力做出评估。

成年阶段的心理检查：勇敢却艰难的行动

在成年阶段进行心理检查不是理所当然的事，远远不是这样。接受心理检查，就意味着吐露真情，将自己暴露在他人的目光下。这样做其实冒着巨大的风险：需要回答很多自己向自己提的问题，而且都是些很陈旧的问题！我们真的需要这些问题的答案吗？如果只是问题，我们可以设想各种各样的假设。根据情况的不同，我们可以“制造”出一种与自己的需求相符的自我形象。向自己提出问题不具有任何风险性，因为我们自己并没有答案！

第一个步骤：敲心理师的门……跟他说些什么？跟他说我们想做一次心理检查？但是为什么？如何说？如何表达无法表达的事，如何表达连我们自己都不相信的事？心理师对我们会有何感想？傲慢？自负？无法适应？也可能是疯癫？我不知道有任何一位成年资优者想要做心理检查而不感到焦虑不安、怀疑、脑中来回徘徊、犹豫的……此外，成年资优者必须确认自己试图向某位心理师表达内心想法时，这位心理师确实有能力倾听他。像这样的心理师多吗？能够对这些与众不同的成年人完成全面心理检查的心理师到底有多少？又有多少心理师可以明白在资优者这种害羞地窃窃私语背后隐藏着多大的痛苦，而这种痛苦与心理学或精神病学教科书中的痛苦完全不同？当然，我不是在批评心理师，但是他们缺少针对这些资优者所经历现实的培训（这些资优者甚至面临生活的困境，且找不到地方提出自己的问题），这点让我非常生气。我生气的原因还在于，有些心理师坚持认为所有这一切都不存在，即使的确存在一些机能不全，资优者也只是一种虚构！他们认为智力当然不是问题，而是一种运气。简言之，他们认为：如果我们很聪明，问题不会来自智力！

第二个步骤：克服面对测试时的害怕心理。决定面对他人从而重新面对自己是需要巨大勇气的冒险行为。

孩子已经习惯了被评估、被评定、被评分。他们已经习惯了听成年人谈论他们。他们已经习惯了测试。对于他们而言，“接受心理检查”包括家庭共鸣，即使他们明白接受心理检查的性质不同。

但是一个成年人呢？他会害怕，非常害怕，体现在以下两个方面：

他害怕意识到自己在某些测试中会遇到困难，并因此感受到真正的失望。“所以，我必须自欺欺人，我真是白痴，我曾经还认为我自己很聪明，真是自负……”这些是即刻被激活的内心感想，让成年人深深感到不安。

他害怕让别人看到自己大脑运行方式的局限性。同时，他会感到惭愧，认为心理师会觉得他是在失去理智地寻觅，因此非常可怜。

这些就是成年人在心理测试时会感受到的害怕，而因为成年人在心理检查过程中感受到的焦虑感总是非常强烈并导致不间断的担忧，这些害怕的后果会更加严重。对于大部分人而言，这种担忧与害怕是没有道理的，但却很难忍受，很难控制。需要知道这一点，焦虑总是会存在!

此外，通过网络上或杂志中的测试进行自我评估是有趣的娱乐活动，而接受专业的诊断则完全是另外一种体验。这两者是完全不同的。接受心理师的心理检查是冒险行为，具有真正的风险。首先需要面对自己，然后还需要面对他人，面对他人看自己的眼光。而心理师将首先对心理检查进行分析，并对此有一些说法。而这些说法是成年人既期待又害怕的!

诊断：从解脱到新的担忧

“的确，这给我人生中无法解释、无法理解的行为和事件‘赋予了意义’。(例如，曾经是优秀的学生，却突然间崩塌；与自己的真实状况完全割裂的情感经历。)

“在经历了分析问题和解决问题的满足感后，这可能会导致一丝辛酸苦涩，感觉自己不曾是自己人生的主人，不曾完全选择自己的人生。”

心理检查后发生了什么变化？自由！

真相让我们自由，关于我们到底是什么样的人的真相，甚至可能超过自由，是解脱。我们不再是自己人生的囚犯，而重新成为(成为？)人生的主人。感觉自己可以按照自己的实际情况做选择、思考人生、理解自己、评估自己真正的欲望和自己真正的需求，这是让人极度兴奋的事。原来好像也能这样，有时候情况也不至于很糟糕，但是并不十分清晰。我们原本以为是自己的声音在表达，而实际上是自我构建，甚至导致“假自性”的人格。

假自性：被掩盖的人格

假自性是心理学中经常使用的英语外来词，用来表示某些人为了保护真正的自己而构建的歪曲的人格。假自性通常与（我们认为的）别人对我们的期待相符，于是我们的人格与他人的期望相符——这让我们能够被爱。这有时候让人感觉很舒心，但这并不是我们内心被压抑且无法表达的天性，它有时候会低声埋怨，让我们不安。因为我们不知道这种突如其来的、强烈的、无法预料的力量从何而来。于是，我们使用巨大的能量让这种力量留下，因此这种能量也无法用于其他事物。我们“汲取”我们的能量以保持我们的“华丽”人格。这是令人筋疲力尽且无时无刻不在进行的构建。

因为诊断，因为有了这种新的阐释，突然出现一种强烈的感觉，感觉终于“回家了”。感觉自己在漫长岁月的流浪后终于“到达”了。

“就是这样！”“哦呦！”这些是刚刚被诊断为资优者的成年人为了表达自己如释重负时几乎都会使用的字句。

允许自己做真正的自己

面对自己就是允许自己展望与自己相似的人生。于是，一切重新变得可能！

我不相信……但我们能否谈及相信?

在心理检查结束后，经常有如释重负的感觉，一种被拯救的感觉。感觉到原来笼罩着的薄纱被撕去，我们的真实情况重新浮现。但是这种愉悦感是短暂的，很快又被新的怀疑代替：怀疑自己。总是这样。因为，在它最自相矛盾的形式下，智力创造……智力。这种智力使得我们认清自己，也能够发现各种缺陷。这种智力也能产生怀疑：这不可能，人们谈论的不可能是我。

于是，资优者的思维方式又重新占了优势。他会运用自己所有的认知资源进行自我防卫，让自己理智化。他会竭力为自己的结果辩护，证明他的智力是“正常的”，证明他的测试分数没有任何特别的地方，并且“所有人的大脑运行方式都跟他一样”。他会解释说之所以他在测试中得了很高的分数，是因为碰巧都是他知道的内容，他忽视了很多别的内容，他试图让别人相信自己的记忆力好是因为自己的职业需要或者逻辑一直是他“擅长的”。资优者总是有充分的理由证明，认为他与众不同才是不正常的!

此外，这些测试将被质疑：这些测试从何而来？这些测试由谁设计？它们真的能测量智力吗？“这些测试真的太简单了！”还有，智力到底意味着什么？无论如何，大家都能通过这些测试，不是吗？等等。于是，需要一遍又一遍地向他们解释。事实上，每个回答都引起一个新的假设、一个新的问题、一种新的怀疑。目前存在的测试、智力的最新概念、抽样的参考样本肯定会有瑕疵。那么如何证明？需要不断重复这不是在测量智力，从定义上看智力是无法被测量的，这只是一些相对分数，用来与其他同龄人通常获得的分数进行比较，重要的是导致这一测试分数的隐藏着的大脑运行方式，而不是测试分数本身……但是一次测试是不够的。虽然有时候资优者假装被我们的论据说服，但是请相信，他还会再来的。

下一步骤或几乎同时，心理师以及其能力、经验被质疑。但是在这种情况中，问题没有那么直接。成年资优者不希望将对方置于窘境，不愿意伤害他。他会避开心理师的问题，但他还是会提问题，为了让对方明白而又不明白。或者更确切地说，为了让对方明白，即使他几乎没说什么。

总之，他要传递的信息是：我不相信！这意味着：我如何能突然接受这一版本的我？我如何能够接受我不是那个我原本认为的我，而不提出任何异议？原来的那个我总是有点与众不同、奇怪、与社会脱节？原来的那个我有时候会问自己难道不是疯子或完全是白痴？原来的那个我有时候会被大家列为救助对象，所有人都认为没有别的可能性？这是资优者承认的。

因此，如何相信这一切，相信这些测试、心理检查和分析？

大旋涡搅动着资优者的思维、表象、回忆、重复的句子、隐藏的创伤、失去的希望、掩盖的害怕……但是我也知道一些思维的火花会重新点燃资优者未受损害的智力敏捷性，而且无论发生什么，成年资优者会继续秘密地保持这一智力敏捷性。

随之而来的是生气

因为父母、生活、其他人生气。生气自己不被理解。生气自己不能理解自己。有时因为做了不得不做的选择或不合适的选择而生气。因为选择了一条让自己迷失的道路，自己在这条道路上感觉不适而生气。

我们现在知道资优者还害怕让别人失望。但是资优者必须成功吗?

在宣布诊断结果时，经常会出现上述情况。随后，各种疑问接踵而来。资优是否意味着我是了不起的人？有天分的人？做什么事情都必须成功？而且非常容易就成功？这种害怕与一种错觉有关：就好像，通过一次测试，我们成了另外一个不同的人，有了新的职责的人。这真的是一个圈套，但却给人一种令人担忧的感觉。在心理检查后我们重新找到的是自己，而不是这个世界的期待。

注意不要被主要表象所羁绊

我想说什么？非常简单：面对诊断，关于智力的联合表象总是会在成年资优者的脑中自动激活。就好像资优者在意识到自己的当下，突然失去了自己的情理常识以及对事物精细的理解能力。而那时发生的事都变得很荒谬：成年人认为自己必须改变生活，必须重新考虑自己的工作和职业选择，必须继续学习，必须重新思考夫妻间的关系。总之，他必须改变一些事情。可能需要改变所有事情。就好像高智力就一定意味着伟大命运的职责。当然，这不是在批评，而只是一个观察结果。什么原因呢？很明显，是因为害怕。事实上，成年资优者在快速了解自己的人生后，突然与自己、与内心深处的自己、与自己埋藏在心底的怀疑、与自己所有被压抑的疑问、与自己学着放弃的理念重新建立联系。害怕表现为痛苦的负罪感：我的生活是否很失败？那么，如何迅速弥补？既然我知道自己是资优者，那么我该怎么做让自己看上去达到诊断结果的要求？思维的错误涌入资优者自恋的脆弱性中。资优者心中自己混乱的形象一下子将其带到对自己的审视中和怀疑中。

那么现在我们该做些什么?

这个问题是合情合理的，而答案却非常棘手，非常复杂。重要的不是做一些不同的事，而是成为自己。心理检查让资优者对自己有了新的认识，并让资优者能够重新思考在这种情况下该如何生活。但我们还是同一个人。换言之，心理检查并没有改变我们。但这种改变的感觉是接受心理检查的成年人经常在无意识的状态下感觉到的，就好像他们穿过了一个加工箱，自己发生了变化。其实，发生变化的是自己对自己的看法，而不是自己这个现实本身发生了变化。这完全是两码事。这也就意味着重要的不是改变自己的生活，改变一切，或一切从头开始，任何事都要成功。关键还是在于内心，在于个人。这是与自我的和解，与人生、与他人的和解。只需要对内心进行调节。当然，有时候这会导致人生过程的改变，但这不是主要目标。我们差不多可以称其为副作用。

被陪伴

我去看心理师。这对我有点帮助。但当我试着告诉他我曾经做过心理检查以及我是……时，我甚至都不知道跟他说什么！您明白吗？于是，他简单地回答我说这不是问题，治疗会针对我真正的困难。但是很快我就感觉到如果他不愿意听我说“这个”，我的治疗也不会有进展。果然，在几次心理咨询之后，发生了我所担心的事：我感觉到我的整个人格被搁置在一旁，我的心理师只了解我的极小一部分情况。而我只看到其他部分——他不了解的部分，他对这部分情况也不感兴趣，我甚至都不敢跟他谈及这部分情况。我总是担心他会嘲笑我或者继续跟我说这不是问题！于是，我停止了心理咨询。而现在，我仍旧不知道该做什么。

我无法做到让别人跟上我。因为，我经常感觉在前面！这很奇怪。我既认为自己是超级白痴，同时又觉得完全高人一等。这样说非常愚蠢！但是，对于那些我感觉到看见他们带着问题来的人，我对他们有非常清楚的认识。我感觉他们永远都不会明白我的问题，也不会明白我对自己有什么了解。因此我原地转圈，不知道该做什么，我也无法前进。

以上谈话内容强调了治疗的困难及其陷阱。对于患者如此，对于心理师也是如此。以上谈话内容也证实了一个明显的事实：这些患者需要帮助，但他们需要的是有经验的帮助，需要有经验的心理师。心理师应该充分了解使资优者自我封闭的致命矛盾心理，充分了解只涉及寻求安心的操作行为，充分了解资优者的超强敏锐性，资优者恳求我们要足够可靠从而经得住考验，能够帮助他们。

为了具有意义，为了能够说明问题，为了打造更加舒适的人生，心理检查永远都不能与陪伴分开。

通过心理检查发现自己是资优者是具有决定性意义的一步，因为这会产生一些关于自己、关于人生、关于他人的深刻问询，只有在良好的治疗关系中才能找到这些问题的答案。

治疗的目标？

重新找到通向自我的道路，从而重新审视自己的人生经历，就好像我们重新参观一个博物馆，而我们更换了画作的说明文字。画上的图像还是同样的图像，但其解释已经发生了变化。于是，我们不再以同样的方式观察事物。我们以另外一种方式理解这些事物，以另一种方式浏览人生的故事。

从对内心的观察中浮现的新的自我形象可以重新勾勒出人格的轮廓，也可以为关于自己人生、自己选择的问题重新定向。重要的不是要改变一切，当然不是，而是将放映机转到新的方向。意想不到的区域会突然出现，我们曾认为很重要的内容在慢慢消失，我们原本没有看见的内容逐渐变得重要。我们明白了是什么让自己充满活力，为什么能够摆脱令人困惑的让人难以忍受的罪恶感，为什么我们决定弄清楚我们适合什么样的人生，我们在什么样的人生中感觉舒心。

在这种新的视角下，我们也可以对选择做出确认。例如，我们可以重新选择丈夫或妻子。我们可以重新选择职业。我们还可以重新选择人生。这意味着我们以另一种方式看待我们过去的决定，而且这种重新审视也让我们能够理解为什么这样适合我们。于是，我们有意识地决定这适合我们。这样会改变一切！

说还是不说

尤其是说什么？如何说？对于孩子，已经很难向别人解释。错误的诠释很快传开。因此，当我们是成年人时，认为自己是资优者难道不可笑吗？认为正因为这样我们才感觉不好难道不可笑吗？认为正因为自己这种非典型的状况才出现了一些紊乱难道不可笑吗？认为我们的智力导致了我们的痛苦难道不可笑吗？认为正因为我们是资优者，我们的情感反应才如此强烈，难道不可笑吗？你们明白了吗，最大的困难在于不能将事情简单化，因为这可能导致新的误解。或者更糟糕的是导致被嘲笑，即使这些嘲笑是充满感情的，其实也非常伤人。谈及诊断就意味着解释一切，讲述一切，为了确认自己是否真正被理解。事实上，这很重要。自己给自己一个机会得到自己喜欢的人的理解，得到那些自己认为重要的人的理解。

坦率地说，这很难。很少人可以接受诊断包含的所有维度。很少人可以明白所有细微差别。是的，你们可以谈论，但只可以向能够倾听你们的人谈论，只可以向可以帮助你们、可以让你们进步的人谈论，或者向关系可以有进一步发展的人谈论。需要小心谨慎，就像你们一直以来学着做的那样。你们知道，寻求同情或仅仅是别人的理解最终可能导致极端的痛苦，因为在路的尽头可能是误解。

我需要告诉我的父母……

是的，我这里谈的是成年资优者。这在你们看来或许有点荒唐，然而……你们是否还记得孩童时代的经历会在我们成为的成年人身上留下很多影子。而那个孩子在长大后，仍然需要父母的承认。尤其是如果家庭关系不融洽，如果父母从未发现孩子的特殊性。如果我们在成长过程中，一直觉得自己从未符合父母对自己的期待，在他们的眼神中从未看到骄傲感；如果我们在成长过程中一直觉得自己做不了大事，那么是的，我们真的非常需要摆脱这种沉闷的罪恶感和克制住的怒火。我们需要表现出自己真实的一面从而抚平旧时的创伤。我们需要向父母证明自己其实是优秀的人，值得他们爱的人。这很幼稚吗？不见得。这是必须做的吗？差不多是这样的。我们需要与自己儿童这部分握手言和从而过好成年阶段的生活。当父母离我们而去后，如果他们从未看到我们的优点，他们从未理解我们，这将会是永远的痛楚……

接受依赖父母的看法，就意味着成长了一些。

改变对自己的看法带动他人对自己看法的改变

一旦我们开始以不同的方式看待自己，别人会立刻觉察到这种变化并做出反应。表象也随之发生变化。成年人以不同的方式觉察到自己在他人眼中的反映，并做出相应的调整。循环模式开始启动：周边的人接受这些改变，举止行为也逐渐发生变化。这种自我形象和交叉看法（对自己的看法以及他人对自己的看法）之间的循环往复将帮助资优者重新调节其内心世界并获得新的外部世界。

成年资优者群体

群体既是成年资优者渴望的，也是他们所害怕的。成年资优者以群体的方式接触对方可能导致“相似性”问题：我是否和别人一样？或者更确切地说，别人难道不是和我不一样吗？难道不是比我更多吗？也就是所谓的更加有天分！在这里，我们又发现了认为资优者是具有特别天分的人的看法。每个人都担心自己无法达到这个高度。这是群体工作的障碍。此外，成年资优者还需要感觉自己是独一无二的，这种需要更为强烈。这就是同一性和身份的辩证关系：在与自己相似者的眼中寻找另一个自己，但同时又强调自己和那些与自己相似的人不同。这就吸引成年资优者去接触其他成年资优者，但他们同时又害怕这个群体。群体必须处于相似和不同的平衡中，并创造一种动力，让每个人感觉既被牵涉，又处于一种与他人同一的过程中。群体表达出每个成年资优者内心深处所想，让他们感觉到自己作为资优者也得到尊敬，也能被理解。群体工作正确地考虑到这些参数以及这些寻找自我的成年人的大脑运行方式的特殊性，是自我修复极佳的加速器。

最后的问题：知道自己是资优者是否真的重要？这到底有什么用？

是的，意识到自己到底是什么样的人以及自己可以成为什么样的人非常重要。

是的，作为资优者，是巨大的力量，巨大的财富，但前提是我们能够清楚地认识到其不同方面，包括陷阱和无限的资源。

是的，必须清楚认识到我们由什么组成，我们由什么打造，什么让我们前进。

是的，当我们占据自己并和真正的自己相处融洽时，我们可以成为一个快乐的成年资优者，过上幸福快乐的生活。

是的，资优包含人格的特殊组织因子，我们不能被动地，甚至痛苦地接受它们，而应该占有它们，让它们成为我们人生道路上的向导。

第五章

各方面均令人出乎意料的人格

Une Personnalité aux facettes inattendues

每种人格都是独一无二的，每个人生都是与众不同的，每种人生经历都是独特的。当然是这样。但是，我们可以在成年资优者“与人生的关系”中轻易地发现一些共同的特点，这些关系大致是令人满意的。从中我们可以得出一些类型学分类，当然是很粗略的分类，就像所有的类型学分类一样，但是可以让我们观察到通向某种人生安排方式的道路，通向某种令人满意的人生安排方式的道路。

类型学分类的尝试

这种类型学分类的尝试是不全面的，而且肯定是简化的分类，只适用于已经得到诊断的成年资优者，即那些知道自己是资优者的成年资优者。可以区分出三种类别。在每个类别中，成年资优者的人格表现出真正的特点，他们的生活方式没有相同的结构，不同生活方式对生活的满意度也产生不同的影响。

接受人生框架的人

这里说的人生框架是带有各种局限、束缚以及各种开放性、可能性的人生总体框架。这些人参与人生游戏，接受游戏规则。他们在一个既定框架中发展转变，把这当成一种为自己服务而采取的适应性策略。这种策略有很多优点，也有一些真正的局限性。

玛丽–埃莱娜跟我说："不遵守规则对我来说没有任何意义。我觉得更有意义的是不要尝试改变一切，而是去发掘我将在系统内部发现的所有可能性，并最大限度地利用这些可能性。想要改变一切，这需要太多的能量。"

对于那些在框架中发展转变的人，人格可能是对立的。它们彼此可能以不同的方式发展转变。

"智者"或被动状态占主导地位

这些所谓的智者不想斗争，不想反抗。他们选择接受最好的状况和最坏的状况。他们对于人生没有太大的希望，没有大的理想，没有疯狂的计划。他们过着超脱的生活。他们没有觉得不幸，但也没有真正感觉到幸福。他们经常接受一种简单哲学，这种哲学使得他们享受自己拥有的东西，不为自己可能拥有的东西担忧。这不是怯懦，而是一种勇气，甚至是明智之举。当然，我们可以认为失望的确让人厌烦，但这种失望被抑制。这是一种有意识的选择。为了不过度痛苦，平凡的人生或许是一种可接受的选择。

风险：抑郁期

在人生某些时期，经常是资优者变得很脆弱的时期，一些成功适应的资优者，即那些最终成功在人生框架中生活并对此感到满意的资优者，也会被自己大脑运行方式“羁绊”。在这些困难时期，他们需要做出选择，充满压力，需要经受各种考验，会出现两种相对立的力量：适应性力量和敏感力量，后者是资优者特有的。适应性力量对于资优者而言更加具体，更加使人安心，更加习惯，这种力量将会斗争从而保证处于控制地位。但是，在人生困难时期，在人生的裂缝中，所有的脆弱将会重新出现。资优者对自己的信心，对自己能力的信心将被动摇，被打击。他会突然产生一种无能为力的忧虑感，感觉自己再也无法成功。他感觉自己无能。真正的抑郁的所有因素好像一齐涌现出来。

实际上，以上涉及的是字面意义上的“抑郁”，即一种

“凹陷”时期，之前的定位都消失了：这是倒退的时期，控制机制让步，沉着冷静崩塌。人格结构也会因此被动摇，并强迫成年资优者进行深度调整：自我表象的调整、身份的调整、适应社会方式的调整、情感方式的调整。需要明白这里涉及的是实力的比拼：资优者的内心世界，长期以来被压抑，几乎被忘却，突然以让人出乎意料的力量重新出现，严重扰乱了生活。对于资优者以及其周围的人而言，生活也因此变得艰难。这种混乱必须重新定位，从而赋予其意义，重新找到人生的平衡。永远不能忘记的是我们可以调整人格的结构，但是想要抹去人格的组织方式则是很困难甚至是不可能的。有一句民间谚语说得好：“将天性赶走，它会飞奔回来。”

挑战者或主动状态占主导地位

这是另外一种人格，另外一种策略。挑战者们充分利用生活。他们所有的能量都为了一个目标：成功、自我超越、前进、推动世界前进。他们理想高远而且坚定，热情高涨，他们所有的资源都被调动起来完成这个目标，而在即将接近该目标时，资优者又提高了目标。这些人好像不知疲倦，任何事都无法使他们退缩，任何困难都不能使他们气馁。而相反，困难却让他们更加坚定信念，增强他们的动机。这些挑战者能够轻易地将自己的人格资源转化成辉煌的成功和才能。他们能成功地将自己的弱点转化成力量，将自己的脆弱转化成人生的能量。

但是需要注意这种大脑运行方式可能引发抑郁的一面。在这光彩夺目的成功背后，在这耀眼的生活背后，在这灿烂的幸福背后，经常隐藏着潜在的焦虑，过度的主动状态试图掩盖这种焦虑。需要知道这种情况，以防被突如其来的不良后果弄得措手不及，这种后果是突然的也是意外之外的。这种“定格”可能让人非常痛苦，尤其是对于遭受这种定格却不明白其猛烈程度和内在推动力的人。对于资优者及其身边的人而言，这是非常让人不安的。很多时候，我们知道，这些强大的人格会崩塌或者就是行不通。亲朋好友迷惘了，他们只能期待一件事，就是资优者能够重新找回原来的能量，重新成为他们已经习惯依靠的向导或领导。

“如果你不振作，那让我们怎么办？”这句话能反映出那些认为成年资优者无坚不摧的人的不知所措。最让人感到意外的是这位成年资优者重新振作的能力，他被自己的能量推动，这种能量看上去能够抵抗最严重的危险。要小心，被这种大脑运行方式所牵涉的人，你们不要迷失了方向，要做真实的自己。接受变化无常的时刻、怀疑的时刻、不安全的时刻。这些都是人生中富有的具有新的可能性的时刻。

接受自己身上最阴暗的一面并尊敬它，就是赋予自己最真实的价值。

反对框架的人

可以将这些人称为反抗者。这一称谓包含讨人喜欢的、有活力的因素，也包含负面的、带有破坏性的因素。当我们再也不同意任何事情时，当我们拒绝一切事物时，当批评意义超越其他任何理解和分析事物的可能性时，当我们永远处于生气的状态时，当我们认为一切事物都是无用的、无意义的、无法忍受的骗人把戏时，那么我们就成了反抗者。此时，沮丧会占上风，怒气将遮盖人生的力量。“不满”将成为持续的、给人带来麻烦的情绪。我们将无法前进，失望占了上风，气馁情绪非常严重。

他们是真正的创造者吗？

通过拒绝框架我们可以发现创造者、先驱、“革命者”，他们懂得如何转化生命中的某些部分，并开辟新的道路。如果我们懂得不能只做不适合自己的生命形式的受害者，那么反抗将具有真正的资源。为了具有创造性，有时候需要越出框架并远离老路。反抗也因此成了真正的才能！

瓦伦丁知道如何做：她30岁，有一个孩子要抚养，她丝毫不愿意“回到模子中”[1]。选择一种让她很快厌倦的职业，这种职业

1 法语原文为 rentrer dans le moule，意思是“和别人一样”，“过一种死板的、受条条框框约束的生活”。——译者注

将花费一些能量，而她无法将这些能量用于自己喜欢的事上，这是瓦伦丁无法接受的。于是，她在一家大商场找了一份工作，记录货架上产品的条形码。她在商场中行走，并认真负责地用条形码扫描器扫描产品……但同时她戴着耳机收听哲学课！她喜欢的是哲学，哲学帮助她更好地生活，帮助她思考，让她构建不同的人生梦想。这样，工作和爱好完美地结合在了一起！同时，她在寻求一条真正适合自己的路(她正在考虑学习心理学)……

你愿意还是不愿意……

然而，不是所有事都总是形成强烈对比的，在两种极端之间，我们发现了“软”反抗者，他们不同意框架，在框架外安排自己的生活，但是离框架又不是特别远。他们不愿意什么都接受，但是他们意识到自己可以从现存系统中得到一些好处。他们也会借口为自己的人生找到合适的方向而决定拒绝框架，但是又感觉自己就在人生附近，于是又很生气，气他们自己，气框架里的人，因为自己想在框架里的愿望而生气，因为自己有想在框架里的愿望而生气！你们还能跟上我的思维吗？于是，他们在框架外和框架内来回徘徊。他们不断适应，他们不愿意否认自己的身份，他们觉得这一身份非常重要，但是他们也承认（哪怕很少）自己能够从有组织的成体系的系统中得到一些好处。他们试图找到自己的位置，但是不知道位置在哪儿，也不知道如何找到。尽管自己不愿意，他们也希望得到别人的承认，但却是以一种混乱的方式。得到谁的承认？为什么？好像他们自己因为这种需要他人目光的做法而害羞，因为需要别人的爱和关照而害羞……这很复杂……缺失的感觉一直占主导地位。

樊尚来自医生家庭。他的人生原本已经被安排好，将要成为一名优秀的医生。但是对他而言，他无法接受。像自己的家人一样过上安逸富足的生活？不，谢谢，他不想这样。他选择了雕塑工作。但也许是命运的安排，他选择巨大的木刻雕塑，他按照实际比例雕刻一些饱受痛苦的人形。（需要治疗的患者？）为了生活，他在网络上（我们这个有组织的社会的直接产物）销售自己的产品，而销售网也是靠他的家庭才构建起来的。在心理咨询时，他承认，在他内心深处，最珍贵的梦想是他的家庭能够承认他的才能，并为他感到骄傲。从反抗者到“智者”，两者之间的界限有时非常狭窄……

在没有框架的情况下发展转变的人

这些人模糊地知道框架的存在，但他们不知道如何对待这个框架。他们更不知道这个框架到底是什么。那么，在框架内还是在框架外，又有什么重要的呢？模糊占据了他们的人生，他们也很难找到定位。

他们生活，但是没有固定的生活。我们可以将他们称作流浪的成年人。他们不知道自己的位置，他们感觉和任何事物都无法和谐相处，他们不断探寻，也在不断找寻自我。但是，他们却不知道探寻的原因。他们连续不断的疑问找不到答案。他们的思维和人生永远都无法停歇。他们也在前进，但是没有目标，没有方向，没有计划。他们与社会隔离，在他们身上能够发现无法适应社会的真正形式，这种情况有时非常严重。

如果我们无法找到自己的标记，我们在任何地方都会一直感觉不好。如果我们无法融入环境的框架，如果我们没有固定一个内心框架，我们将变得乖戾、厚颜无耻、看破一切。

看破一切?

这些成年人处于一种自我毁灭的状态中，也是心理最为脆弱的人。他们应该是最痛苦的人。

奥利维耶对这个世界有一种讽刺挖苦的看法。他为了挣几块钱，总是不断换工作。他说，无论如何，他无所谓。任何事都不值得他花力气，任何事都没有意义。结婚？这是骗人的把戏，爱情总是昙花一现。学习？为什么要学习呢？为了找一份工作？这简直就是欺骗。这些人都太愚蠢了。任何事都不能让他真正开心，任何事好像都无法真正触动他。他也不来接受心理咨询。心理师？太可笑了！我在生活中遇到奥利维耶。在几次讨论之后（实际上让他说超过一句话就是了不起的事)，我了解到他在青少年阶段，在他遭遇惨痛而又出乎意料的学习挫败时，他就进行过一次心理检查。在那之前，奥利维耶一直都是优秀的没有任何问题的学生……

为了自我定位并认识自己而创建的类型学分类

尝试这样的类型学分类只有一个目的，就是设置一些定位点。大脑以何种方式运行都不是致命的事。这种分类只是我临床观察的成果。这样分类的唯一好处就是镜子效应，能够让大家意识到自己的存在方式。这可能是意识的开始，这也可能让大家能够围绕自己定位一些人格，这些人格需要外界的目光，使得每个人自己能够意识到这些人格。

我仍然要强调的是没有任何事情是固定的，即使我们目前发现自己的大脑运行方式，我们在人生的任何阶段都可能改变这种方式，并勾勒出另外一条道路。

偶然的成功感

成功是这个社会的核心。成功导致了很难逃脱的持续压力。但到底什么是成功？成功真的是社会对我们的要求吗？真的是他人所体现的吗？成功真的会让我们感觉幸福吗？有时候当然会感觉幸福，但并不总是这样。实际上，人们经常把所有人通常都接受的“成功”和既定规则之外的“成功感”混淆起来。成功感是内心的、个人的，感觉到自己拥有成功的人生与环境无关。这也就是说，我们可以痛苦地感觉到自己的人生失败了，而他人却对我们得到社会承认的成功赞叹不已；也可能是我们感觉到自己的人生成功了，而周边的人对我们的选择投以同情的目光。

成功在于自己对自己的看法以及他人是否承认，成功让我们感觉到找准了自己的位置，在这里，我们感觉良好。

成功感源自一系列微妙的复杂过程，而成功的秘诀却因人而异。

资优者为各种各样的疑问所累，为永恒的怀疑所苦，为不断的质疑所折磨，那么对资优者而言，如何期待自己能够成功呢？资优者是否能够只期待成功？对于资优者而言，这只能是一种起伏变化的不稳定的感觉。

资优者可能成功吗?

这个问题对于资优者而言至关重要，但是他认为成功是不可能的，他不能像自己期望的那样成功，这也不是他期望的成功。资优者从未达到他对于人生、对于自己的理想的高度。对于他而言，成功意味着让人类进步，让世界进步。成功绝对不是传统意义上的个人成功，这绝对不是资优者心中的成功，虽然个人成功也是成功的一部分，资优者对于成功的概念是非常超验的，他非常希望获得成功，但是，如果我们能够非常敏锐地感受到他人的局限，我们难道不能首先感受到自己的局限吗？于是，资优者很少感到满意。资优者有时候让人看到的成功形象从未与自己的世界观同步。对于世人而言，这个人成功了，而对于他自己而言，前途漫漫。他终究有一天是否会成功？有一件事让他内心感到害怕：不成功。面对自己想要承担的艰巨任务，资优者感到自己如此渺小，如此无能为力。

于连跟我说："您肯定会嘲笑我，因为我的计划是帮助人类，让大家更好地生活。"

还有喃喃自语的米歇尔，意识到自己的愿望有点狂妄自大，因为他期望的是自己能够成为像耶稣或佛陀那样的人，能够向世界传递某个信息，让人类进步。

我们清楚地观察到实际情况和远大梦想之间的鸿沟，但这一鸿沟总是让资优者非常痛苦。即使他对此一言不发，即使他好像过着充满简单幸福和成功的传统生活。你们不要被此欺骗：在他内心深处，疯狂的计划继续喃喃自语。

在这世上如何幸福?

世界上的大事也让成年资优者烦恼不已，就像一个被世界上的不幸和生活中的不公平现象吓坏的孩子。而我们中的大部分人最终将大大小小的不幸融入我们的世界观中，并与我们周围的事物和谐相处。尽管媒体及时并且再三向我们报道远处或近处发生的灾难或不幸，但我们首先关注的还是自己的个人命运，好像自己是个麻木的人。

在成年资优者的内心存在着永恒的左右为难：如何在这样一个充满不公正的世界上感到幸福？如何在他人饱受痛苦的同时，自己却自私地感觉良好？自己是否有权只关注自己的人生而不关心世界的命运？我没有在夸张。但是很少有成年资优者谈及这些感受。有谁会相信他们呢？有谁会分担这种同情感和无能为力的负罪感？我们会立刻让资优者知道我们对此无能为力，我们不能拯救这个世界，如此担忧是无济于事的。总之，这种态度是可笑的……是幼稚的！但是，如果你们和资优者谈论此事，他会向你们确认：他感觉自己与这一切都有关系，任何时候。

儿童的一面

成年资优者具有让人惊讶的，但隐藏着的共同特点：非常明显的儿童的一面。他们会因为外界一点点小事而激动。这种特点隐藏在“大人”的外表下，但是这种特点非常活跃。

儿童的一面是儿童时代的遗存：梦想、创造力、认为一切皆有可能的坚定信念。尤其是，他们会为事物感到惊叹，他们会被喜悦所淹没，因为一件小事，非常小的事情。但是他们也会因为很小的不公正或非常小的痛苦而感到沮丧：受伤的动物、无法起身的老人、对非常相信自己能够站立却摔倒的婴儿……

说某个人具有儿童的一面对于成年人而言有时候是非常残酷尖刻的，他们对事物有着坚定的信念，且必须只接受社会公认的行为。这种对于儿童一面的批评可能隐含着一种遗憾，而成年人不再敢感受到或表达出这一面。

幼稚，轻信他人的表现

这是成年资优者最大的特点之一：他会一直相信，就像一个孩子。他相信奇迹，相信魔法，相信人生，相信邂逅，相信可能。他的幼稚让他时刻准备相信一切，并很快被这一切淹没。泪水迅速涌出，但是他克制自己，表现得像一名严肃认真的、审慎的“大人”。

但是，在他内心还隐藏着孩童的影子。

热情，巨大的能量

我丈夫昨天还在跟我说，跟你在一起真是不可思议，即使对于那些你已经知道的事物，你还是会惊叹不已。

与大家所想相反，这是让人难以置信的王牌，这是难得的品质，非常少见。这种大家能够感受到的热情是一种特殊的能量，它能够彻底改变人生，需要小心谨慎地对待！

儿童部分最阴暗的一面：抱怨和无所不能的感觉交替出现

成年资优者经常会像孩子一样抱怨！他会抱怨一切，一直抱怨。永远都不是自己的错，总是别人的错。他认真地这么觉得。就像一个孩子会认为，之所以自己成绩很差，是因为老师很坏；如果父母批评自己，那是不公平的事。资优者会说："我可什么都没做！"这就是所谓的外在主义者，也就是说这个人认为问题的原因都来自于外部，责任不在自己。于是，外部的所有人都潜在地负有责任：老板、配偶、社会、经济、政府、其他人、心理师。所有人，除了自己！承担责任意味着深深的质疑，而这种行为对于好不容易才建立信心的脆弱的资优者而言非常困难。资优者不断重复说："我很想承担责任，但是我不能。"

但是，当资优者危险地接近这一断裂点（在这里资优者感觉到自己的一切都在摇晃），当资优者心中自己的形象（即使是脆弱的）有可能完全消失时，我们会观察到突然的变化：刻板的控制。突然，成年资优者会重新控制，幻想自己是全能者，甚至是无所不知的。这里显露的是资优者儿童的一面：像小孩子一样认为自己全知全能，拥有凌驾一切的权利。

在这种情况下的成年资优者也具有儿童的信念：如果我愿意，我就能得到。如果我决定了，任何事都无法让我退却。我一定会成功。

从抱怨到无所不能，是资优者困难的自我构建过程造成的。自我形象的脆弱性折磨着资优者，也让资优者在儿童的极端中摇摆不定。因为资优者难以构建真实自我的稳定表象，所以资优者踌躇，被无法应付的机制所牵绊。他产生的怀疑，由自己的智力和敏锐性造成，让前方的路变得模糊：他到底是谁？他对于自己的认识是否足以稳固到让自己信任依靠？这是资优者最大的两难境地。

拥有世界年纪的资优者

这是让人出乎意料的另外一面。资优者儿童的一面与另一种感知并存：感觉自己多龄。

这是什么意思？非常简单：根据不同情况、不同情境以及我们相处的人，感觉到自己可能同时拥有不同的成熟度，或依次拥有不同的成熟性。

让我们忘记“未成熟”，谈谈“超级成熟”

我们在谈论资优者，尤其是资优儿童时经常遇到一个概念，即情感未成熟。这是一个错误的概念，因为人们总是混淆未成熟和情感依赖。这两者一点关系也没有。是的，资优者是情感非常丰富的人。资优者首先就是情感人。在资优者身上总是存在情感干涉，其中包括认知行为。资优者首先是用情绪思考，然后才用大脑思考，这就是他们被认为是未成熟的原因，好像情感占优势只是小孩的特权!

然而，资优者是变色龙。他会不断改变自己：他调整自己的行为、思维、行动，从而适应环境的各种约束条件。在一定程度上，资优者运用自己的智力和敏感性来决定自己适应社会的方式。

例证：如果大家期待你像“婴儿”一样处事，因为你知道这种做法能够让你获得一些东西，你应该是资优者。如果你的推理水平（很高）能够让你说服你的对话者，你应该是资优者。如果你可以根据你的地位或职位调整自己的形象，你应该是资优者。如果大家从你身上得到只有能细致理解事物的人才可以给出的建议和智慧，你应该是资优者。如果你必须仔细分析某个困难的情境，并得出别人没有预想到的结果，你应该是资优者。

注意，我并不是说资优者就是无所不能的！当然不是这样。我是说资优者的大脑运行方式，无论是智力的还是情感的，都让他具有非常典型的超级成熟性。超级成熟性需要被理解为用典型的敏锐性分析某一情境的所有因素并与之适应（或者与该情境抗争）的独一无二的能力。

15岁的格雷瓜尔，目前上高二。他感觉自己与别人之间存在距离。他还没有到青春期，他比同学矮，他看上去就像个小男孩。对于那些觉得他非常可爱的女孩，他无法与她们相处，而这些女孩也无法和他“出去约会”，因为他还不是真正的男人。当他在课堂上好像跟不上时，老师们会让他觉得他还年幼。他高中的校长约见了其父母，因为校长认为让他再念一遍高二能够让他更加成熟。他问格雷瓜尔如何看待此事，他是否同意因为自己的年龄导致了与其他同学之间的差距。格雷瓜尔勉强承认了。但是，在我的办公室，他爆发了：“这快让我发疯了！我必须让他们相信我同意了，让他们相信我就是没有其他同学成熟。因为他们就是这么看我，因为我迟到的青春期！我怎么向他们解释真实情况恰恰相反？这无法解释。我感觉自己损耗了自己的成熟，好像我强压住怒火。在我脑中，我已经20岁了，甚至更大。我无法忍受要等到所谓合适的年龄才能像我所想的那样行动、发表自己的看法，像我自己期望的那样生活。我受不了了。当我和20岁表哥的同学们一起时，感觉太棒了。我的表哥向他们介绍我时，好像我是超级成熟的人，虽然我年纪不大，这种感觉挺好。他们接受我，而我也很高兴。我感觉很好。然而，在我的日常生活中，我濒于崩溃，我总是感觉到我快要爆炸了！”

无法向外界展示我们的内心世界

怎么做才能帮助格雷瓜尔呢？他的问题在于虽然身体发育程度只是青少年，却已经具有了年轻成年人的成熟。他自己对此也无能为力。别人也只是看到了他的外表，而他自己则希望做真正的自己，根据自己的内心世界说话或行为。可是这么做，他有可能被他人排斥，因为他看上去很奇怪。而对于格雷瓜尔而言，最重要的是有朋友。因此，就像他自己说的，他“损耗了”自己内心的成熟，而这让他筋疲力尽。无论是身体方面还是心理方面，他都感觉很差。身体方面，他经常肚子疼，而在心理方面，他总是感觉沮丧。但是他还是咬牙坚持，用尽全力，不惜一切代价。因为他希望度过这艰难的几年，因为他看得很远，因为他的超级成熟赋予了他宽阔的视野！

“安托万看上去拥有和狗一样的年龄。当他7岁的时候，他感觉自己精力衰竭，就像一个49岁的男人；11岁的时候，他对世事感到失望，就像一个77岁的老头；现在他25岁，期望能过上愉快安逸的生活，于是他决定用愚蠢这张裹尸布将自己的大脑盖上。他经常感觉到智力这个词就是愚蠢的替代词，只不过以好听一点的方式说出来而已。他经常觉得聪明是非常堕落的事，以至于人们宁可笨，也不要聪明。当智力的伪装呈现出有光纸的不朽性以及相信自己阅读的人的赞叹，智力让人不幸、孤独、可怜。”[1]

时空断层[2]：生活在若干时空中

这就更复杂了。资优者感觉自己拥有多龄，但是他也同时处于多个时空中：过去—现在—未来。个人经历的时间，但也在宇宙的时空中重新定位。如果考虑到以前、以后和他处，在当下做决定就变得非常困难。对自己的看法就变得非常不同，因为对自己的看法在时空层面会被相对化。

这也符合资优者无法脱离背景这一事实。资优者的存在，存在的理由和生活的理由，都取决于大写的人生。他自己的人生与世界的意义有关。即使该意义离他而去，他也不能认为自己与外界相分离。他的整个个体生命没有意义，需要永远和宇

1 马丁·佩吉（Martin Page），《我是如何变笨的》（*Comment je suis devenu stupide*），Le Dilettante出版社，2000年。——作者注

2 借用Cogito'Z中心的一位心理师马琳·安布罗西奥尼（Marine Ambrosioni）的用语。——作者注

宙联系在一起。对于资优者而言，只有这种宇宙视角和无时间性才具有意义，才使得每个人的日常生活具有意义。

很明显，对于事物、对于自己的人生、对于自己的这种看法将会导致一些不可能有答案的疑问，而这些疑问将不可避免地导致一些莫名的忧虑旋涡。

对于资优者而言，他真实的自己和他的所作所为之间几乎无法和谐。于是，存在一种距离，即使这种距离微不足道，也会导致一种不适感，并将导致超越自我，或者一种无可奈何的接受，这也成了沮丧的源泉。

为了摆脱这种状况，某些资优者采取与此相反的态度和行为：高估自己的重要性，高估自己人生的重要性，他们尝试向使自己痛苦的问题挑战。这些问题被抑制，资优者不再听到这些问题，而是忙于赞扬自己和自己的存在。但是我们不要被此欺骗，这只是骗人的把戏。有时这种做法或许有用，因为它具有保护性。但通常情况下是不堪一击的，因为这永远不能让资优者避免内心的震动或外界的打击，而是使资优者的本质从内心深处表现出来。

节奏：总是处于不协调状态

节奏是一种运动，是步调，意味着有的运动比别的运动快，慢的运动在快节奏之后。处于节奏中，就是处于人生的运动中，和所有人的步调保持一致。

节奏是资优者的主要问题之一：资优者的节奏永远都不对！他永远无法与大家的运动同步。他处于永恒的不协调状态：超前，或落后；退后，或停滞不前。

超前状态，资优者的节奏总是快于他人，而且快很多。体现在感知、分析、理解、概括等方面。资优者能够借助自己总是处于警戒状态并能够捕捉、处理、整合各种细节的官能，从宏观角度把握某个问题或某个情境的所有数据信息。资优者具备移情的能力，有时近乎受虐倾向，因此总是能够间接感受他人的情绪……因此，资优者拥有具有预见性的视角：当别人刚刚开始，他却已经完成；问题还没有结束时，他已经理解；当大家还在犹豫时，他却已经知道该怎么做。总之，他的速度太快了！在这些情况下，别人的节奏在他看来好像是放慢了速度。人生的节奏在资优者看来无精打采。

这种超前的状态让资优者困扰，因为他总是孤单一人，无人与他分享。这种超前的状态使得资优者不得不等待他人，看别人做事，指出他们错误的做法，而他已经知道该怎么做。但是说什么，一直要告诉别人需要做什么，究竟该怎么说，怎么做才能不被认为是傲慢的、骄傲的、自以为了不起的？怎么做才能不让大家对你说："不管怎样，你总是对的。"在这句话中，隐藏着很多挑衅、敌对、嫉妒、羡慕和不快。

在个人生活或职业生活的很多领域都能发现资优者的超前状态。超越他人、超越自己的时间、在自己的人生中也处于超前状态。脑中有一些革命性的想法是好事，但是想要别人“接受”，就得证明这些想法。这是更加困难的事。在别人话还没说完时，资优者就已经知道对方要说什么，这对于说话者而言是难以忍受的，他会感觉内心受到了伤害。而在公司里，在那些“应该知道一切”的人之前理解，并且更好地理解，这会导致严重后果……这样的例子举不胜举。这都属于生活的“不协调”时刻，最终都是令人困难或尴尬的。那么，为什么要超前呢?

停滞不前或退后：在这种情况下，对于环境的超级敏感性使得资优者对一些极小的细节进行观察并对此进行阐明。而其他人继续前进，讨论继续进行，生活继续，而资优者却驻足不动，被细节纠缠。这种极小的细节，无人关注，甚至无人注意，对资优者而言却非常重要。对资优者而言，如果不考虑到问题或情境小的方面，就无法得出令人满意的结果，就会错过事物最重要的部分。于是，资优者停下脚步，检查，思考，试图融入这一部分真实的内容。其他人已经走远，资优者却仍停留在原地。

落后是另一种形式的不协调，而且是一种主要形式。在这种情况下，对人生的超意识使得资优者处于不同的节奏。对他而言，有些人过度重视在他看来不那么重要的价值观，比如成功、金钱以及物质财富。有时资优者感觉到很多人一直在追逐，却没有真正的目标，没有赋予生命以意义。这些人走得太快，却没有思考一些最重要的问题：我走这么快到底想去往何处？为什么？我到底希望得到什么？我的首要任务是什么？这样一种无节制的高速追逐真的能给我带来幸福吗？等等。于是，资优者任由他们追逐，而自己却慢慢前进，慢慢地做好自己认为是“真的”事情。他可能停下来欣赏风景，所赏艺术作品，观赏大自然的景色、街上的表演或者别人的演出。他可能参与一场自己希望全身心投入的讨论或经历一次邂逅。他可能充满离奇的想法，带着点怀旧感伤或者满心欢喜地回忆过去或展望未来的计划。他把时间花在所有这些事上，这可能是他希望全身心投入的生活时间。但是，他已经脱离别人的节奏，他只能看着人生如时光匆匆流逝，就像站在高速路旁，而他只能通过一条更小的路去追赶人生。

资优者很少能够处于正确的节奏中，而这种不协调可能会导致令人讨厌的奇怪感以及无法理解这个世界的感觉。

节奏的不协调总是会导致与他人的沟通交流出现问题：大家互相不理解对方，大家无法同步。

无法处于同一节奏，将引起资优者和这个世界之间的不和与误解！

当节奏与我们的经历无法同步：无法享受事物

这是时空断层和节奏不协调的组合：资优者难以完全融入他所做的事、他所经历的事。资优者的思维使得他们将自己的现在重置于自己的回忆或广义的过去中，或将自己投射到未来，于是回忆起自己在当下时正经历的事情。

例证：波勒在山中散步，欣赏着美丽的秋日风景，这是一次非常愉快的散步。然而，波勒会问自己：这样的风景相对于上个世纪而言发生了哪些变化？她的祖先看到的是同样的自然景观吗？为什么有这样的变化？但是，在几个小时之后，当她跟朋友描述这次美妙的散步时，她会看到自己。她会问自己她怎么能够如此细致地描述出自己看到的和感受到的事物。而现在呢，她经历了什么？实际上，她对此一无所知，因为她并没有完全与现实相连接。

女性面和男性面：让它们各归其位

在我们的人格中，都存在女性的部分和男性的部分。

女性的部分负责坦率、敏感、情感、依赖、脆弱。而男性的部分负责意志、表现、战斗、独立和力量。我承认这种观点可能过于简单，但是足以阐明我的理论。

根据我们的性别，人格的平衡会倾向于上述因素中不同的方面。这不表示相对的一面不存在，而是退居次要地位，更加不易被察觉。与我们性别身份相符的一面会占上风，因此会被优先激活并表达出来。这种状态在儿童阶段逐渐形成，而在青少年阶段定型。

但是，在成年资优者身上，我们会非常明显地发现这两种人格倾向的共存。

在男性身上，女性的一面拥有重要的地位：敏感性、情感接受性、需要别人、对别人的关注、对于讨论的兴趣等非常明显。男性会努力试图压制自己人格的这种倾向，因为这可能会招致嘲笑。对于自己能够和女性相处融洽、能够和她们轻易交流，男性资优者并不感到正常。他非常能够明白女性，但不是一种诱惑的关系，而这种能力是其他男性难以想象的。

对于女性资优者，她们身上强烈的独立需求、挑战感、天生的领导能力、智慧能力、操纵能力、统治能力，以及对于挑战和战斗（心理的！）的喜好等男性的一面在她们身上展露无遗。

接受自己身上女性的一面：这是成年资优者（无论男女）需要面临的挑战

对于男性而言，需要在自己身上充分展示更加温柔、不那么锐利的、更加脆弱的敏感魅力。尽管这在男人世界里很难被接受，但这却是男性在和女性交往中的王牌。这也是他和世界的关系中的真正财富，在这里，必须更加看重审美能力、环境的敏感接受性。

对于女性而言，困难点正好相反：她可以发挥她男性的一面，她可以利用这点从而构建自己的人生，成功完成自己的计划，但她也可以展示出敏感性、易感性、脆弱性、需要被接受，从而让男性有可能接近自己。这样会减少男性心中的畏惧，让男性重新感觉他们可以保护她。

在日常生活中，女性的一面向世界敞开，尽管这一面会表现出更大的脆弱性，但它仍然是灵感、创造力和快乐的源泉。

第六章

成年资优者的困难

De la difficulté d'être un adulte surdoué

成年资优者的困难主要涉及两方面：主要的一方面在于迟钝缓慢的自我构建和人格构建，决定着自己与世界、与他人关系的自我形象的构建；另一方面在于资优者大脑运行方式的特殊性，这种特殊性在成年阶段会更加突出，更加独特。这些独特性在儿童时代已经存在，会变成可能使人生平衡更加复杂的在世方式。我们知道，曾经是资优儿童的经历与长大后的成人之间的错综复杂状态是密切相关的。

我们可以在以下内容中发现在其他形式的人格中也存在的大脑运行方式。的确如此。但是资优者的特殊之处在于这些自我表现方式的强烈程度，以及与此有关的痛苦。这些人格特点的出现频率使得我们可以辨识这个由成年资优者组成的与众不同的群体。既非完全相同，也非完全不同……

惊人的敏锐性

敏锐性是与太阳最相近的创伤。

——勒内·夏尔[1]（René Char）

拥有这种把周围一切都淹没的敏锐性时如何生活。这种敏锐性探测每一个隐蔽角落，会发现最小的细节，会看透他人内心最深处。资优者的敏锐性因为源自以下两个方面，因此更加强大：

善于剖析、分析事物的高智力；
能够吸收外界情绪最小因子的情绪超强易感性。

这种强烈的敏锐性让人无法休息，资优者无法断开身体内这道无时无刻不在运行的激光。资优者更难感到安全感，更难相信别人，更难任由自己受生活的摆布。敏锐性导致一种真正的障碍，在心理学教科书中无法得到鉴定，但类似于眩晕，有时候近似于失去意识，但总是痛苦的。

这种对世界的强感知性，让所有成年资优者都备感痛苦，

1 勒内·夏尔，1907—1988，法国当代著名诗人。代表作:《没有主人的锤子》《伊普诺斯的书页》《愤怒与神秘》《水中的太阳》等。——译者注

就像我们小时候看蚁穴里的蚂蚁，蚁穴的内壁越来越厚。敏锐性越来越强大，永远不能让我们“不看到”。当我们不再注意到外界的机能不全，当我们不再需要思考某个无关紧要的问题时，当我们不再被某个凭经验觉得可以忽略的情绪触动时，我们的生活将会变得更加容易！

强大的敏锐性会使生活的平衡变得脆弱，不停地询问生命的意义，也会导致永恒的质疑，因为没有任何东西可以被无条件接受。资优者在认为某个情境、某种能力、某个学问、某个知识是有效的并可以被接受前，会首先通过自己的分析仔细对这些因素进行审查。

我们在心理诊断中也能发现这个过程：需要时间，需要很多时间，才能让这位胆怯的与他人不同的患者从他的指挥塔下来并让别人领导自己，陪伴自己。首先，他会观察心理师，考查心理师的大脑运行方式和态度，评定他理解的能力以及其他能力。总之，首先是资优者测试心理师。然后，根据自己的结果，资优者决定是否信任这位心理师。有时，他会拿心理师开玩笑，操纵他，“为了观看”，就像打扑克！总是心理师输掉比赛：于是患者终止治疗。而真正的失败者却总是资优者。如果资优者能预见到这位心理师的所有治疗手段，那么继续咨询他又有什么意义呢？如果资优者相信治疗师，那么要小心了！资优者会认真观察，确认心理师是否能够经得住考验，是否会在半路放弃，是否会落入陷阱，回到原点。需要明白的是，资优者这么做并不是想要将心理师置于窘境，而是因为他需要这一切才能感觉自己被理解，才能感觉自己得到保护，从而同意将自己托付给能够帮助自己的人。

大卫今年25岁。他已经来找我进行过好几次心理咨询。他找不到一条适合自己的生活道路。他有点不知所措，当他每次考虑一个新的计划时，自己具有超凡预见性的分析会让他感知到这个计划的缺点和局限。于是，他寻求别的东西。一天，在心理咨询时，他对我说："既然您不是资优者，那么您如何理解我呢？您有自己的局限性。您或许可以理解理论，但是这跟我经历的不一样。"但仍然还是需要听他说！让他接受治疗。否则一切都完了，完蛋的是患者。

对于世界的敏锐性导致对自己的敏锐性

如果我们能以这种超强敏锐性不断发现并剖析这个世界，如果我们能以这种敏锐性感知到他人的脆弱性和局限，那么我们如何不能首先感知到我们自己的缺点？这就是时时刻刻监视着资优者的因素：怀疑自己，怀疑自己真正的样子，怀疑自己的潜力，怀疑自己的能力，怀疑自己的优点。当一个人是资优者时，他永远不会感觉到自己高人一等。相反，那些不是资优者的人却认为自己高人一等，为这种想法所扰！

然而，事实是某些资优者“夸大自我”。他们的人格看上去自负，有时候带有一种轻蔑性。他们给人的印象是自视过高，高人一等。但是，我们不要被此欺骗！就像拉封丹[1]寓言中想变得和牛一样大的青蛙，看上去自负的资优者其实是最脆弱的。他们那种自负的感觉只是在掩盖自己无能为力的感觉和脆弱的感觉。资优者害怕，他害怕自己被排斥。资优者之所以采用这种行为方式，是因为他们一切都不顺利，因为他们非常痛苦。

对世界和自我的敏锐性打开了理解的大门。这种敏锐性可能是痛苦的，但也可以让我们能够以预见性的目光看待事物。

害 怕

害怕可能让我们忽视了资优者大脑运行方式的大部分特点。资优者害怕，害怕所有事物。害怕源自于危险感，但是危险却并不总是可以辨识的。于是，害怕变得无处不在，弥漫各处且持久。害怕渗透各处并毒害了资优者人生中的很多重要时刻。

---

1 拉封丹（Jean de La Fontaine），1621—1695，是法国古典文学的代表作家之一，著名的寓言诗人。他的作品经后人整理为《拉封丹寓言》。——译者注

为什么资优者如此害怕?

害怕是所有人都有的感觉。这种情绪可能对于应对某些情境是必要的：害怕能够调动各种资源、能量和力量。害怕十分有用。但在其他情境中，害怕可能导致真正的焦虑，甚至会让我们陷入瘫痪状态。我们通常知道我们害怕什么，我们可以通过自己的行动或思想试着对抗危险。害怕的轮廓是可辨认的。

而资优者的害怕却完全是另一种形式：资优者最害怕的是自己。他害怕自己的思维将他带到可怕的深渊，他害怕自己的情绪以无法控制的方式侵占自己，他害怕那些自己感觉既不同又相似的他人，他害怕自己无法控制的人生。他尤其害怕面对自己，害怕自己无法喜欢真实的自己。害怕自己让自己失望。或者害怕意识到自己错了，害怕意识到他所成为的人不适合自己，害怕意识到自己的选择不是对的选择。

实际上，资优者非常害怕这种内心的交锋。

资优者的害怕可能以别的形式呈现

完美主义

对于资优者而言，要么完美、不可指责、完全获得成功，要么就没有必要。

注意不要与强迫性性格，甚至是强迫症病理相混淆。资优者的正常和传统病理学之间往往只具有细微的区别。

对绝对的渴望，对“完美”的渴望，可能产生事与愿违的结果：无法开始。停滞不前窥伺着资优者，资优者因为寻求不可能实现的完美状态，可能半途而废，并表现出可怕的消极状态。尽管资优者具有强大的智力能力和丰富的人格，但他也停滞不前。我们越鼓励他前进，我们就越向他传达一种他无法成功的信息，我们也就越让他停滞不前。不开始也是为了避免各种失败的风险，也可以让人留有一种幻想，即如果我当初做了，我早就出色地成功了。这是陷阱，这是圈套。

“因为他们无法实现自我、获得发展，焦虑吸收了他们的大部分能量，尽管他们具备很大潜力。”[1]

无法依赖任何人

当我们具备这种强大的大脑运行方式时，很难不迅速发现他人的脆弱和局限，甚至是无能。然后，我们还是希望相信他人，找到一位我们钦佩的人，可以教我们的人，一位我们可以深深器重的人，真正尊敬的人。我们甚至可以说希望找到一位能够用他的人格和能力控制我们的人，但是这太少见了，太异乎寻常了。那么经常会发生什么呢?

---

1 塞尔日·勒波维奇（S. Lebovici），《资优儿童的心理病理学未来》(*L'avenir psycho pathologique de l'enfant surdoué*)，《儿童神经精神病学杂志》（*Revue de neuropsychiatrie infantile*），1960年。——作者注

资优者难以接受来自外界的规则，因为这些规则总是有争议的，可以被质疑的。资优者经常会说“我们从来无法真正相信任何人”。

资优者的能力，强大的分析洞察力，以及能够迅速地理解与自己刚开始并不熟悉的主题有关的大量知识的能力，使得资优者能够更加充分理解，并比老师教他的做得更好、更快。

做资优者太难了，因为自己又一次处于超前状态，而且是孤单一个人，这让资优者不知所措。而这对于那些所谓的应该知道的人而言则是难以忍受的，甚至是不可接受的。等级和权力关系通常会导致冲突和关系破裂。

缺少掌权人士的信任，以及资优者迅速超过师傅的快速学习能力让成年资优者在自己的职业活动中处于孤独状态，使得他成为自己的“领导”，并只能依靠自己。

思维强度

对于资优者而言，思考就是生活。他没有别的选择。他无法停止这种强有力的、连续不断的思维，这种思维时刻不停地探索、分析、整合、联合、预测、想象……没有一刻休息，从不。

于是，他运用自己时刻处于戒备状态的一切官能思考一切，一直思考，激烈思考。

泛泛之谈和简化是资优者不可能完成的任务。资优者的任务是精确和剖析，直至无限。

我所看到的、感受到的、听到的一切涌入我的思想中，使其兴奋，并让其高速运转。试图理解是一种社会自杀行为，换言之就是不再想品尝生活的滋味……我们试图理解的东西，我们通常将其毁灭，就像见习医生，没有解剖就没有真正的知识……如果过于有意识，思考太多，则将无法生活。[1]

这也是危险所在之处：我们越想一件事，我们就越容易做出荒唐的事。因为不断将各种想法联系起来，我们可能得到可笑的无意义的结果。如果我们慢慢陷入自己的思维，我们会逐渐去除所有赋予其意义的因素。我们在途中失去组成其本质的因素。那么如何相信，如何认为这种思维、这种想法是有效的，有意义的？我们不能继续认真考虑它。它现在对我们来说是荒唐可笑的、不值一提的。此外，鉴于我们是唯一以这种方式思考的人，我们觉得自己是疯子。我们向他人隐藏了我们想法的曲折。如果所有人都是以另一种方式思考，如果没有人想到过这一点，如何不认为自己是疯子？这是无比恐怖的事。

---

1 马丁 · 佩吉（Martin Page），《我是如何变笨的》（*Comment je suis devenu stupide*），Le Dilettante 出版社，2000 年。——作者注

濒临深渊的思维

思维的强度可能导致无限，在这里，我们感觉被吸入无尽头、无界限的运动中。这种感觉会导致一种真正的不安，因为我们不知道可以再依靠什么。我们失去方向，任何事都无法让我们停下。没有任何东西来保护我们。在这种情况下，生活好像慢慢变成了微小的点，飞快地远离我们而去。我们可能随时突然感到焦虑。

22岁的拉斐尔说："当我开始过度思考时，我感觉自己可能昏迷。"这种感觉让他非常害怕，以至于他寻找各种方法以期能够有一分钟不思考。

将讨论推向无穷……

也是在这种背景下，资优者有时候会将讨论推向无穷无尽，一刻不停。目的是试图确定事物的确切意义，没有任何模棱两可，没有任何含糊不清，为了得到确切答案，或至少达到最接近真实的状态。当人们与资优者讨论时，会感觉自己被卷入无穷尽的讨论中，在这里，好像没有任何论据能够让人满意。这对于资优者而言是疲惫不堪的，有时候是不能理解的。怎么能够质疑一切呢？一直质疑？对于那些务实的解释或通常都能被接受的论据，为什么还不满意？资优者不接受这些解释或论据，永远不。

在“等级”情境中，父母和孩子，老板和下属等，冲突可能变得不可避免、错综复杂。只要资优者不确定是否能够达到目的，他就不会放弃。在职场上，可能出现冲突。合作双方都认为自己被对方的“恶意”所折磨，于是导致深深地互相不理解，资优者也产生深深的忧伤，躲进自己的思维中，无法理解究竟发生了什么。

不断对环境及其危险进行分析

我在电影院。我对电影不感兴趣。于是我观察周边情况，我想象可能发生的一切情况，严重的或不那么严重的：从放映厅发生火灾到我自己可能出现的不适感。我设想所有可能发生的场景：能够帮助我的紧急出口在哪儿？如果天花板坍塌，如何脱身；在发生爆炸的情况下，椅子由什么材料制成，首先得通知谁，等等。一段时间之后，好像是注定的一般，我最终出现恐慌感，我感觉喘不过气来，我感觉自己五分钟后就要死掉。我浑身发抖，我就像疯子一样紧紧抓住身边的人。我要求他赶紧出去。我太害怕了。

过分极端？异于常人？并非完全如此。从儿时开始，资优者就对环境中的所有因素进行不断的、细致的、深入的观察和分析，并使自己出现一种弥散性的焦虑。最小的细节也被他们研究。令人惊讶的是，资优者会看到对所有人都显而易见的巨大事物（没有人看到这些事物或没有意识到这些事物的存在），也会观察到一些只有他才发现的极小细节。

八岁的马克西姆要去做牙科X光。到了放射科诊室后，他发现了表示存在放射性光线的提醒图画文字。于是，他提了很多关于风险、这些射线可能带来的影响、对环境的影响以及X光底片的详细情况等方面的问题：照射区域是否明确？射线是否会涉及身体其他部位？如果会涉及，那么是哪些部位？等等。马克西姆害怕，非常害怕。医生或妈妈的任何话都无法让他安心。如果这不危险，那么为什么会有提示图画文字？对于每一个解释，马克西姆又提出了新的问题。在无法给出新的论据之后，医生和妈妈要求马克西姆坐好拍X光照片。马克西姆热泪盈眶，但不再说任何话。无论如何，他知道确实存在风险，即使这种风险很小而且可能未必有。他知道周围的成年人没有对风险进行衡量，没有考虑过这种风险，这增加了马克西姆的不安。他走出放射科室时浑身颤抖。在我的办公室，他又向我问了一些关于潜在危险的问题……

如何缓和这种害怕？

这种害怕很难减轻，因为资优者分析一切可能导致危险的事物，真的是一切事物。而从事实来看，他是对的。比如，即使你们生活在非地震区，我们不能确定一定没有发生地震的危险。试图让资优者相信没有发生地震的风险?你们永远做不到。你们越坚持,他就越害怕:他会认为难道只有他才知道,才能感觉到,才能预见?竟然没有任何人意识到如此明显的事:危险无处不在。因此,他害怕。

因此,永远不要说他所害怕的事不会发生。这是错的!而应该采取一种亲切的态度,一切情绪都是可以接受的。下面两种说话方式会产生不同的后果:“害怕是多么可笑的事,你害怕是没有任何道理的”;“我理解你为什么害怕,这的确让人害怕,但是……”,在后面这种情况下,我们接受资优者的情绪,并试图给他带来安慰,缓和他的害怕。说“害怕是没有道理的”会增强资优者的不适感:他之所以害怕,是因为他有自己的理由。即使这些理由看上去如此荒谬或未必确凿。情绪总是可以接受的,因为情绪是他人的感觉。当我们感觉自己因为自己的情绪而被尊敬时,我们就愿意倾听并接受其他分析情境或思考问题的方式。这是考虑更能让人宽慰的方法的关键步骤。

奥斯卡今年九岁,他的爸爸每天晚上都会来替他盖好被子。他们非常喜欢做的一件事,就是爸爸给儿子读《纽约时报》上的几段文字。

“最棒的是他总能在我们读的文章中发现一些错误。有时是语法错误,有时是关于地理或与事实不符的知识性错误,有时他会发现这篇文章根本没有讲出本应该讲的内容。我很高兴有这样一位比《纽约时报》还要聪明的爸爸，我喜欢把脸颊靠在他的胸膛，隔着他的T恤感受到他的胸毛，我喜欢他身上的味道，每次都像刚刮完胡子一样。跟他在一起，我的大脑感觉很平静。我不需要想任何事物。”[1]

这种害怕会让人不知所措

当某些资优者凭着其思想和敏感性感知到对自己或对他人的潜在危险时，他们会表现出极度恐慌。有时资优者会感觉自己是世界的“守护者”，因为他们是真正的指挥塔且永远不擅离职守。当他们感觉到自己无法预测或无法防御危险时，他们强大的情绪反应性就会将他们的害怕转化成席卷一切的风暴。他们会因此感到不安、无能为力、控制不了局面，并感到真正的身体上的不适。如果感知到迫在眉睫的危险的经历总是重复出现，可能导致真正的陌生环境恐惧症[2]。一旦患上该病症，接触世界就会引起恐慌与焦虑，从而导致一切社会活动都无法进行。他们不再愿意走出家门，并最终放弃学业、工作，甚至人生！陌生环境恐惧症不是资优者特有的病症，但资优者患上

---

1 强纳森·萨弗兰·佛尔（J. Safran Foer），《特别响，非常近》（*Extrêmement fort et incroyablement près*），Éditions de L'Olivier 出版社，2006 年，法语译本，“观点”丛书，2007 年。——作者注

2 也翻译成广场恐惧症、狂野恐惧症或公共场所恐惧症。——译者注

此症的比例却很高。资优者对周围事物一针见血的分析能力导致他们能够提前预测（而这种预测通常是充满忧虑的），而这也导致了资优者这种极端的害怕。

“在这段奇遇记即将结束时，我希望可以像《全金属外壳》中的人物小丑一样说：‘我身处一个狗屁的世界，但是我还活着，我不害怕。’”[1]

为别人感到害怕

资优者总是焦虑，忧心忡忡，为所有人焦虑，首先是为了亲近的人。在儿童时期，他就已经为父母担心，而通常是父母为自己的孩子操心。但是，年幼的资优者伺机而动：他为自己的父母感到害怕，害怕所有事。从担忧他们的夫妻关系到担心金钱问题，从工作困难到健康问题……资优儿童总是忧心忡忡地预测家中可能发生的事，并有意识或无意识地不断寻求各种方法希望帮助自己的父母或让他们避开种种烦恼，但是最让他伤心的是父母为他感到担忧。他不想为自己所爱之人带来烦恼忧虑，更不用说是自己的父母。充满忧虑的预测成了资优者日常生活的一部分。而当资优者成年后，他继续为所有人操心，

---

1 马丁·佩吉（Martin Page），《我是如何变笨的》（*Comment je suis devenu stupide*），Le Dilettante 出版社，2000 年。——作者注

继续感到焦虑，因为对于世界的不幸，他无法视而不见。而当资优者成为父母时，又开始担忧自己的孩子。资优者意识到所有窥伺着的危险，有时甚至具有超意识，因此希望能够控制一切。对资优者自己而言，这在心理上让他们疲惫不堪，也让他们的孩子感到窒息。有位焦虑的家长对我说："无论发生什么事，我都能从中脱身。但他呢？"这不是对自己的孩子缺乏信心，而是因为过度担忧，而这种担忧是由资优者对环境、对自己敏锐清晰的分析和过度的感受性导致的。这种担忧给生活造成了很大困扰。

科学研究视角下资优者的害怕

以下是关于资优者身上经常出现的对危险的预测的最新研究结果，虽然有点像趣闻逸事，但是很能说明问题：

资优者群体中无神论者的比例好像比一般人高。为什么？因为他们无法相信未必有的事。

"从内心讲，我们是不可知论者，至少我是，但同时我们又不是。因为我们还是需要安心的感觉，尤其需要赋予事物以意义。"这样的例子不胜枚举……

在一项针对17 000人的研究中（对被研究者进行了20年的跟踪调查）发现，资优者群体中素食者的比例非常高。一直以来，大家认为素食对身体健康的毒害性更小。担心传统饮食带来的潜在风险很可能是资优者选择素食的动机!

资优者吸烟的比例比其他人小。总体而言，资优者本能地选择能保护自己的行为。此外，资优者患心血管疾病的可能性小很多。好消息!

资优者更容易把钱花在一些无价值的东西上。他们相信世界末日，认为人生空洞无意义，因此资优者不愿意存钱。对他们而言，存钱有什么意义呢?

证明完毕!

负罪感

36岁的玛丽发现自己是资优者，给我写信，说道:“那时候，我本想成为一名优秀的好学生，首先是想成为父母心中的‘好女孩’，但尤其是为了让自己为自己感到骄傲，但这些我从来没有做到。”

因为无法成功而产生负罪感

为自己不能成为某个样子而感到羞愧，这种羞愧是难以觉察的，但却难以根除，具有破坏性。因为自己无法成为别人期待的样子而羞愧，因为辜负别人的期望而羞愧，为自己遇到的困难感到羞愧，为自己的“奇怪”感到羞愧。

羞愧萦绕着资优者，为自己感到羞愧，尽管资优者不愿意这样。羞愧来源于在未尽之言中、假的高傲态度中、假装的同情中产生的负罪感。对于资优者而言，即使周围的人看上去好像接受了他真实的样子，在他内心深处，他仍然认为自己让别人失望，没有达到应有的高度。实际上，是他给自己定了最严格的要求，而并不总是也不完全是别人提出的。但是，对于资优者而言，与他认为的他应该达到的标准相比，一切都不够好。必须明白一点，这绝对不是事实，而是让资优者产生了一种永恒的未完成的感觉、一种对自己感到失望的感觉的自我和自我成功的表象。如果我们在生活中总是感觉自己的人生是由曲折起伏构成的，我们就会认为必须完成一些达到一定高度的事。于是，我们去追求一个虚幻的目标，但却总是筋疲力尽，因为这一目标无法得到确定，甚至也永远无法实现。

如果明白我们对自己的这种看法打乱了自我形象，我们就可以揭开那张昏暗的不透明的薄纱，在此之前，我们默默地在它下面忍受痛苦。

因为能感觉到而产生负罪感?

当我们感知到太多东西，包括我们原本不应该观察到的东西，这就会导致一种难以言表的负罪感。因为懂得太多，因为总是超越别人而产生的负罪感。我们早已明白，而别人好像还远远落后，他们仍然在以自己的节奏继续思考。我们只能看着他们痛苦地前进，而我们不仅因为他们缓慢前进而忍受痛苦，还因为自己速度太快而产生负罪感，因为自己不能和他人同步而产生负罪感。这里又涉及节奏的问题！这种形式的负罪感让资优者感觉非常不舒服。他经常不知道自己该做什么或不该做什么：他想要前进、预测、加速，因为他自己已经懂了，但是这样他就一个人脱离了队伍，他必须为此说明理由。资优者为这种超前感到羞愧。此外，资优者经常会“重新想出”一个说得过去的理由用以解释自己的超前。或者，他等待，停止不前，减慢速度，并因此感到无聊，退出，不再感兴趣，甚至……因为感觉自己无法像别人一样而产生负罪感。

超前也会使得资优者不得不观察别人的弱点和脆弱。然而，资优者经常是不愿意看到这些的！为什么自己会有如此强的理解力、分析能力和推断能力，让自己总是一个人处于超前状态？和别人在一起，拥有相同的节奏，将会是多么让人无忧无虑的事啊。

资优者再一次处于不协调的状态，并因为这种非自己所愿的不协调产生负罪感。

不满足感

思考可能是一个陷阱，它质疑一切。首先会让人认为任何事都和我们原本期望的不一样，还会让人感觉到任何事与看上去重要的事都不相符。

成功？如果成功就是过上这样的生活，那有什么意思？这并不是在拒绝成功，而是拒绝这种没有意义的成功。希望成功，没有问题，但是什么是成功，如何成功，为什么要成功，一切都不断被摆到桌面上，被重新审查、重新思考，一切都有改变的可能。缺失感、未完成的感觉是持续的。连成功做成一件小事，取得一次小的胜利的愉快感都因为这种感觉而减少。资优者警惕地注意着令他人无比骄傲的事情的意义，但从他的分析看来，这些令他人无比骄傲的事都只是相对的胜利。在世界范围内一切都只是相对的胜利！

22岁的西普里安，过着飘忽不定的生活……在几次辍学和复学之后，濒于崩溃："学习一无是处。一份有趣的工作？这不存在！落得像我爸爸一样的结局，不，谢谢！和女人一起生活对我来说是不可能的事，我是很难相处的人。要求太高，过于理想主义。考驾照？我可能是个马路杀手。"

总是感觉不满足

总是需要更换工作，从一个职业跳到另一个职业，永远不能真正感到满足，永远无法真正找到自己的定位。总是后悔自己没有做的事或还没开始做的事。这里再次涉及资优者在青少年时期遇到的问题：在所有这些可能性中如何做出选择？如何决定？如何放弃？隐约呈现出一种无所不能的感觉：我什么都想做，就像小孩子相信自己“我什么都可以做”。这些都会导致痛苦，因为这让资优者永远无法平静。一切都不断被重新思考，重新质疑，成为这种特殊的永不停歇的思维方式的陷阱。

无聊感

当我们谈及年轻资优者的学习时总是会想到无聊。之所以资优者会无聊，是因为他比别人理解得快、学得快、记忆得快，因此他必须等很久，这种情况经常发生。课堂时间漫长、无聊、单调。很少有新的有趣味的时光能够引起这位奇怪学生的好奇心。通常，无聊感会转变为思考时间。但思维总是让资优者走得太远，因此他们经常还是更喜欢专心、活动活动、聊天，从而避免被自己的思维以及无止境且没有答案的问题侵占。资优儿童难以交到朋友，也会产生无聊感。

九岁的雅克说："在幼儿园时，我真的没有朋友，于是我就数数，以至无穷无尽。"

在成年人身上的无聊感与资优儿童既相似又不同。这种无聊感可能是暂时性的，也可能是长期的。但它总是具有很大的强度，就像英国的雾，这层厚厚的雾覆盖了一切，而不是一层薄薄的云遮掩了生活的某些时刻。与无聊感做斗争的资优者很难从中摆脱。这种无聊感是强大的，因为这是资优者自己大脑运行方式的结果，是强烈思维的结果，这种感觉与世界形成鲜明对比，导致很难填补的差距。

31岁的克莱尔来接受心理咨询，她在儿童时期就被诊断为资优者，但这一诊断没有得到家人的重视，她说："无论如何，我时刻都感到无聊。为了不无聊，我逃到我的思维中。根据不同的时间和不同的情境，我构想出不同的场景。比如，我可以对某个情境进行充分分析，仔细思考其所有组成部分，或者，我决定确定一个主题，并围绕该主题无穷无尽地发挥。或者，经常是在晚上，我想象一些遭难场景，一些真正恐怖的场景，故事非常凄惨。就好像我在尝试驯服自己身上深不可测的害怕。于是，我害怕，而这种情绪让我摆脱无聊感！"……之后她补充说道，"您可能会觉得我真的很奇怪。"

与存在有关的无聊

这种无聊感模糊、逐渐扩散、持久。活着？为什么要活着，活着有什么用？因为努力为一切事物寻找意义，那么一切也都没有意义，于是就产生了一种无聊感。快乐慢慢消散，事件慢慢退去了原来的光芒，感觉逐渐褪色。活着就成了无聊的代名词。对于资优者而言，需要生活总是闪闪发光的，由各种高潮、强烈的情绪、快乐、幸福和成功组成……在这样的生活中，我们感觉充满活力。我们需要充分参与到这个世界中，带着我们的心和大脑，充满渴望和好奇心。所有人怀着同一个目标一起分享令人兴奋的奇遇活动，对于资优者而言，这个目标是唯一有效的、充满人文主义的目标。

日常生活中的无聊

这种无聊感尖锐，给人带来麻烦，使人产生负罪感。这种无聊感经常突然出现，毫无征兆。它最喜欢的攻击时刻，是当我们有他人陪伴时。这是最恐怖的无聊感，因为它需要很大的能量：需要假装这些对话非常有趣，这些人的生活激动人心，他们日常生活中的所有逸事都非常扣人心弦，还需要对他们的职业、孩子和配偶表现出兴趣。刚开始时，资优者还能做到，但是一切会突然结束，资优者就不再感兴趣，甚至连自己都没有意识到。资优者的眼神变得飘忽不定，注意力分散，已经走神。有时，资优者还会起身离开。所有人都非常吃惊，不知道为什么。有时，资优者也能回过神来，但需要付出很大努力。这是真正的人间喜剧，因为无聊感是强大的，并且随着时间不断增强。像通常情况一样，资优者可以在短时间内重新集中注意力。但是，如果节奏太慢或实在没有什么意思，他坚持不了很长时间。资优者需要总有新的事不断发生。他们的无聊感会渗入很多情境中。

安娜，36岁，美丽又有教养，已婚并孕育了两个资优儿童，她说："可怕的是我总是在假装。晚饭或晚上变得无法承受。在一段时间后，我就只能梦想一件事：离开，一个人待着，逃离这种演戏的生活。这让我筋疲力尽。但是，我向您保证，我付出了别人无法相信的努力才不让任何人发现这点。此外，别人经常跟我说我是理想的同伴。他人看来，确实是这样。但我为此付出了非常多的努力！对我而言，这非常困难。我感觉非常无聊！我不希望让您觉得我不喜欢别人。正相反，我梦想拥有朋友，真正的朋友，和他们好好相处。但我无法做到。还有一点说出来有点尴尬，就是一切都让我感觉无聊。因为我不工作，于是我的朋友经常建议我找点事做，找点消遣活动或培养一个爱好。但就算那样，我仍然感到无聊。我无法从中真正得到快乐。很快，我就感觉到好像在转圈，这让我无法再高兴。您认为这正常吗？"

我不知道这是否正常，但我可以肯定的是，在资优者的生活中，这是常见现象。像安娜一样，资优者不停地与这种束缚自己的无聊感抗争。无聊感使资优者感到苦恼并使其变得脆弱。无聊感可能导致类似抑郁的状况。然而，这不是病，但无聊导致的结果却不能被轻视。

无聊感侵害活着的感觉。资优者需要很大能量才能不断重新投到看上去像空地的生活中。为了不在路途中停止或停滞不前，资优者需要不断给自己创造刺激。

活动亢进：无聊感的另一面

另一种常见的反应是活动亢进。不要将这里说的活动亢进与指儿童病理的同名名词[1]相混淆。如果选择“suractivité”[2]可能更为恰当。为了不感觉无聊，成年资优者增加活动量，参加各种活动，构想各种计划。总之，资优者会同时做很多事，而且最好快一点。他永远停不下来，看上去好像不知疲倦。其他人羡慕他的能量、他的工作效率、面对事情的力量以及对生活的热爱，但都是一回事。在这永恒的烟火下，游荡着威胁资优者的无聊感，不断运动着的成年资优者通过自己的活动掩盖这

1　活动亢进，法语原文是 hyperactivié，也用来表示儿童的多动症。——译者注

2　指活动过度，活动亢进，为了与也能够表示儿童多动症的 hyperactivité 区别开。——译者注

种无聊感。注意：成年资优者感兴趣的活动，通常是具有创造性的并且是有趣的活动，可以转化为职业成功的活动。成年资优者（对生活非常有天分？）找到了对抗无聊毒药的有效药方。只要他的生活能够按照固定不变的节奏继续，就能保持平衡。然后，资优者需要谨慎，并清楚地明白这种无穷无尽的能量从何而来。否则，资优者可能突然遭遇意料之外的障碍，其过强的情绪负荷可能突然打破这种平衡。如果关于这永恒运动根源的意义很清楚，资优者将（几乎）得到保护。他懂得在不得不停止的情况下如何保护自己，他会提前做好准备。

很难掩盖的急躁情绪

急躁情绪通常被认为是一种缺点，好像这种情绪会导致人们犯错，失去判断力，导致虚假的仓促。相反，耐心作为美德得到赞扬。有一句民间谚语是“耐心是成功之母”，意思是说耐心是成功做好任何事不可缺少的优良品质。可事实并非完全如此！至少不是对所有人都如此，对于资优者好像就并非如此。

为什么？急躁情绪是资优者人格中最大的特点之一：他处于超前状态，换言之，他对于某个情境的分析、理解和综述能力使他能够在所有人之前知道结果，让大家确信他知道答案，正确的、真正的、唯一的答案。之后便是等待。他等待其他人费尽千辛万苦知道结果，或者得出另一种结果，而资优者会即刻对这种结果提出异议。即使他错了，他也不知道，他只能按照这种整体的、知觉的、迅速的方式运行。而他的急躁情绪也源自于此。人们通常会觉得资优者易激动、偏执、专断。人们无法理解资优者这种不容置辩的、专横的大脑运行方式。于是人们会告诉资优者他并不总是对的，他也需要考虑别人的想法，并且等待！在说话之前要等待，在决定之前要等待，在提出异议前要等待。但这正是问题所在：资优者不懂得等待，等待会从内心折磨他。这几乎是一种身体上的折磨。此外，我们经常会发现一些行为表现：小腿或脚强制性地扭动，脸部抽搐，手臂或手不由自主地运动，不耐烦地转动钢笔，等等。等待需要资优者付出真正的努力，身体和心理上的努力。努力意识到自己并不总是能够做到，等待是反自然的！

对于资优者而言，这真的是很难忍受的事，有时候是非常痛苦的，因为他自己是第一受害者，尤其是因为他的急躁情绪让他变得不受大家欢迎，而他当然也会为此感动痛苦。这是双重痛苦。

有些时候，我真的是无法忍受。我们在开会，我不明白为什么大家要拖拖拉拉！他们谈一个相同的主题会谈20遍！于是，我变得极不耐烦。我试着抑制自己的情绪。我感觉自己马上要大喊，告诉他们需要决定的内容。但是当我试图介入时，总会有人告诉我等一等，不能这么快，还需要研究某项内容或另外一个内容……这简直让人无法忍受，因为我感觉这不会有任何效果。需要做出决定，需要有所进展。仅此而已。好像他们想要避免一切风险，因此他们无休止地“争论不休”，却没有任何成效。事实上，最后，他们的决定或最终的想法，我早就想到了！同时，让我感到不安的是，这个过程最终会让我产生怀疑。于是有的时候，我对自己说，好吧，他们可能是对的，我们需要按部就班地做事。但是，在这种情况下，我会一反常态，要求核实所有事情，而且是若干次，为了确保无误。这再一次使大家恼火。于是，现在，我找到了应对方法：当我意识到自己无论如何都无法直接让大家接受我的解决方法时，我就胡思乱想，我就开小差，但假装我还在听，对一切结果我都说对。但实际上我感觉无聊透顶。坦率地说，我不知道该做什么！

风险：失去积极性！

急躁情绪因为其各种身体和心理的感觉，以及其招致的批评和攻击，让人极其难以忍受，因此资优者最终选择缄默，接受并不再争辩。他变得顺从、消极，不再积极参与，不再发表任何意见。

更糟糕的情况是，怀疑最终占了上风。成年资优者经常听别人对自己说，不等待就无法知道，不等待就无法做决定，不等待就无法成功……导致资优者对自己失去信心，对自己的判断能力失去信心。他认输、气馁，有时甚至陷入一种处罚性的退缩状态：自己的职业生活、社会生活、情感生活以及心理平衡都深受影响。

无聊感和感情：从过度投入的感情到爱情不稳定

这部分内容很难展开，但是非常重要。我们发现一些值得一提的常见情况。这些常见的情况分为两种爱情关系，或更确切地说，根据人们与爱情的关系。

渴望稳定的、牢固的、永恒的爱情

希望组建“牢固的”夫妻关系，能够抵抗人生的暴风雨和狂风。需要这种安全感的人会以生活允许的最快速度试图组建固定的夫妻关系和家庭生活。这将是他们时时刻刻所关心的大事：培养并保护夫妻关系以及家庭，从而让自己感到被保护、被爱。这种保护夫妻关系的能量也与自己相信这种夫妻关系的需求相符合。相信像这样他们能幸福，相信一切都会安好。然而，资优者会担心被未知的、来自夫妻关系之外的情绪所侵占，这可能会突然改变一切。因此，虽然有时候他们会在这种夫妻关系中感到无聊，但是害怕侵入的感觉“占据”他们的思想并调动他们的能量。这在无聊的情况下已经算是取得胜利了！

需要不断的爱情刺激

需要不断更新的热情。从心理学角度看，我们知道爱情邂逅会让大脑分泌荷尔蒙，这是强烈快乐和愉悦感的来源。我们也知道，这种荷尔蒙的分泌在三年后就会减弱，由依恋的关系取而代之，从而继续维持夫妻关系。快乐荷尔蒙的释放结束了……某些人不能没有这种荷尔蒙，因此患上爱情上瘾症，变得依赖这种使生活变得美好的所有感觉的宣泄。在这期间，因为有了化学方法的保护，一切都变得如此美妙：自己，对方，全世界。思维和心全速前进，充分享受生活。这也激发了资优者的积极性：感觉自己还活着！这种不断重复的风流韵事能够使人生平衡吗？能够让我们过上满意的生活吗？我不相信，但有一件事是肯定的，就是这种经历是排解无聊感的强大手段。

情感矛盾

还有一些人两者都想要：对自己平衡必不可少的稳定的、给人以庇护的夫妻关系，以及婚外情感，从而给自己“从爱情角度看过于有规律的”生活创造一点“令人喜悦的小插曲”。来几剂肾上腺素[1]，为飘荡着无聊感的日常生活增加一点刺激感。这些人喜欢冒险，一方面不希望自己的夫妻关系受到影响，但是又希望能够操纵一些情感，让这些情感控制自己并打破平衡。

在任何情况下，资优者的感情生活总是带有害怕无聊感的痕迹，这种无聊感要么直接被克服，要么被否认，但总是存在，即使不太明显。资优者知道这点，并因此总是有点害怕。但是，最好还是知道，因为这样我们可以更好地武装起来“与之相处”，并安排自己的生活。

羡 慕

我们不会自发地想到资优者身上有这方面人格。然而，资优者偷偷地观察并向往别人的生活。资优者羡慕这种天真率直、这些简单的快乐、这些最简单的幸福。这一切对他而言，好像都无法实现。资优者无法做到在衡量事物的同时，其“思考的机器”、剖析机器、分析机器、研究机器不超速运行。资优者无法做到在参与事件、会议、集会的时候，不去感知所有

1 指的是给平淡的生活增加一些兴奋、刺激的因素。——译者注

的情绪，不去破译所有未尽之言，不去揭开所有表象，不去揭露所有诡计。他不愿意这样。不，而是他的大脑运行方式不让他得到一丝安宁。他无法做到让自己“休息片刻”从而自然地和他人在一起，就像其他人一样。

这增强了资优者心中低人一等的感觉：其他人都知道如何生活，怎么做。他们看上去好像十分确信自己是什么样的人，十分确信自己的选择以及自己的人生。当他们说话时，他们十分确信自己所讲以及自己所想。

而资优者则在自己的角落，嫉妒地观察着他们。他非常想知道怎么做。他内心很清楚自己永远也做不到。于是，资优者要么强迫自己，“让别人相信”，要么就默默离开。

羡慕别人能够停止思考

这是羡慕的另一方面。这些人怎么能够满足于别人给他们的解释呢？为什么他们看不见身边的所有事物？他们如何做到不用一直思考？这样让人感到舒适轻松，让资优者十分羡慕……

这位年轻的女子，筋疲力尽，跟我开玩笑要求道：“求求您了，帮我切除一部分大脑吧。”“我实在受不了了。我希望这能停止。可我做不到。我的大脑永远处于超速运行状态。它无时无刻不在全速运行。晚上，我都无法入眠。”

或者更有甚者，这位肩负重大职业责任的男士羞愧地对我说：“昨天晚上，我做了一件不理智的事情。我把自己关在浴室里，不让我的妻子看见我，于是她拨打了精神病急诊科的电话。我用头撞墙，好几次，我感觉像这样，我的大脑就会停止运行，最终能安静下来。我很清楚地意识到这种行为的荒唐之处，但我真的已经无法忍受。”

你们知道，我没有在夸张。这是资优者常见的抱怨：希望停止思考，或更确切地说，希望能够控制自己的思维。我们决定思考时就思考，而不需要思考时或思考让我们不愉快时，就停止思考。希望能够找到开/关按钮，能够找到一种方式不用再忍受自己的思维，而是能够操纵自己的思维。

“我不能再像这样生活了，我受够了。在对我的情况进行仔细研究后，我发现我之所以无法适应社会，是因为自己的智力。它从来不让我安静，而我无法驯服它，它将我变成了一座闹鬼的、阴暗的、危险的、令人不安的庄园，而我焦虑不安的灵魂居住在此地。我自己纠缠自己。

“我实在无法忍受思考了，你必须帮助我。我的大脑整日整夜地在跑马拉松，它一直不停地转动，就像仓鼠轮一样。”[1]

---

1 马丁·佩吉（Martin Page），《我是如何变笨的》（*Comment je suis devenu stupide*），Le Dilettante出版社，2000年。——作者注

对他人的情感

如果我们具备过度发达的移情功能，很难在感受到别人情绪的时候却不干涉。资优者经常无法控制地给出自己的看法，表示支持或表示自己理解对方。他希望帮助对方，因为他觉得自己知道该做什么，该怎么做。他内心对别人的理解是非常明确的。于是，成年资优者通常会成为人们信任的人，因为他好像能够从内心深处理解对方。资优者能够在他分析问题和情境时考虑众多参数，这使得他的意见变得珍贵，他的建议也被大家接受。但是，作为知心人的成年资优者吸收了对方所有的情绪。而他自己在内心深处要忍受这些情绪的痛苦。对方的情绪变成了资优者的情绪。他必须加强自己的保护系统以保持平衡，并且不因为对方情绪的激流而无法自制。这会导致资优者截然相反的态度，他将和别人保持距离，以防自己被如此多的情绪侵占。不是因为资优者对他人的痛苦漠不关心，完全相反，他感觉自己过于牵涉在内，离对方经历的痛苦太近，资优者感到自己无法帮助对方，无法让对方走出困境，这使得资优者远离对方。资优者尝试最大限度地阻止一切情绪易感性，从而可以不再感觉到对方的情绪。这是一种侥幸生活的方式……而绝不是缺少怜悯。

对他人漠不关心的形象

为了不再接收情绪负荷，资优者为自己打造了无法穿透的保护盔甲，而在他人眼中，资优者好像是冷淡的有距离感的人，对别人没有感情的人，甚至是没有爱的人，几乎是高傲的人，与世界隔绝。作为自己的囚犯，资优者受到双重虐待：首先，为了与他人的情感经历保持距离，资优者需要不断调动能量；其次，他给别人的印象与真实的自己相去甚远。你们应该清楚这种自我防卫系统非常容易出错，资优者会继续遭受突然发作的情绪，他会继续忍受这些情绪。我们也能看到资优者的痛苦会因为他人的排斥而增强，这些人不愿意接近这样一个如此冷淡的人。简直就是恶性循环!

感觉到别人的生活

这是对他人的超强感知的另外一面：非常明显地感觉到对方将如何行为，他将开始做什么，他将成为什么样的人。在另外一种背景下，我们可以称为超凡预见力。这个词的词源意义指的就是资优者感知到的东西：资优者对其面对的人的人生和未来有清晰的认识。这种清晰的认识源自资优者具有超强情绪捕捉能力（这种能力可以迅速解读情绪的意义）而能够对各种参数进行迅速即时的分析。这是一种凭直觉进行的推论。资优者知道，但是他无法解释。当背景使人安心时，资优者试图引导对方，否则他就沉默不语。如何解释无法解释的事？

“每当我看着她时，就会暗自心想：‘她是不是也会变得跟其他人一样？’我试着想象她十年以后的样子。……可是这些想象行不通。这时，我有一种很幸福的感觉。这是我平生第一次遇见这样一个人，她的未来无法预测，她未来的人生道路还很平坦宽敞。”[1]

扰人的过度敏感

“每一次，都是一个奇迹……：只要合唱团一开始高歌，一切都会不复存在。生活中的一切印迹都会被歌声抹去。我突然产生了一种兄弟般的、团结一致的，甚至是相亲相爱的感觉，这种情感的相互沟通冲淡了日常生活的丑陋……

“每一次，都是一样。我想哭，喉咙很堵，我尽可能地控制自己，但是很多次，这不是说控制就能控制得住的：……这真是太美了，太团结了，这是让人不可思议的相通的感情，我不再是我自己，我是这个崇高整体的一部分，这个整体也包括其他人，这时候我总是会问我自己，为什么这不是日常生活的规则，而只是在这个合唱团演唱的特别时刻呢。”[2]

1 妙莉叶·芭贝里（Muriel Barbery），《刺猬的优雅》(*L'Élé gance du hérisson*)，Gallimard出版社，2006年。——作者注（译文选自史妍、刘阳翻译的版本，南京大学出版社，2010年。——译者注）
2 同上。

资优者能够强烈感受到在自己周围摇摆的情绪和生活。资优者能够感受到一切，而且一切都被放大、增强、无法回避。资优者能够捕捉并记录下最小的细节，包括那些难以察觉的细节，任何人都没有注意到它们的存在，以及那些无关紧要的细节，它们甚至都无法跨越意识的屏障。

于是，充满情绪、充满情感的生活显得异常突出，承载着少有的密度，经常因为强度过大而变得无法忍受。

对我而言，有一些情境价值千金，并将被扩大一万倍，而对于其他人而言，它们无关紧要。

在某些情况下，情绪负荷过于强烈，以至于反应变得非常极端。当情绪爆发变成唯一的情感表达方式时，当强度使系统关闭时，情绪大灾难将突然而至。

德尔菲娜总结道：“我的反应实在过于极端，因此没有人理解我。”

看到这么明显的反应，我们明白了资优者非常敏感，非常容易生气，也非常容易感觉蒙受了羞辱。一个无关痛痒的词、一个小小的手势、一句无聊的评语，都会让资优者深深感到受到伤害、尴尬窘迫、惊讶，他会感觉这一切都是有人指使的挑衅。于是，他会将自己封闭起来，闭门不出，或者爆发，而这经常会让他身边的人感觉茫然不知所措。如何理解这种既令人惊讶又出乎意料的行为的微不足道的原因？于是，又产生了新的相互不理解、新的误解，资优者再一次陷入孤独之中。

德尔菲娜继续说：

“当我在婆家时，我总是感觉紧张、心烦。他们假装对我非常友好，接受我。但我能清楚地感觉到他们不爱我，他们只是为了自己的儿子而假装。因此，对于他们对我说的话，我都产生了过激的反应。我会立刻做出反应，没有人明白我到底怎么了。这就加强了他们对我的敌意！而对我而言，每次都是一场考验，因为实际上，这一切都让我极其受伤。”

资优者的情绪无处不在，无时无刻不在，能钻入最小的缝隙。甚至，当没有任何东西可以被感知时，资优者都会觉察到未必有的情绪变化。于是，他对此做出诠释，并做出反应。他的情绪易感性与大脑控制回路断开，因此无法被理性控制。资优者的情绪就这样左右着他，并使其迷失方向。

相反的状况：感觉不到任何事物

作为自我防卫的策略或者自我保护的措施，某些资优者有意识地选择脱离这无底的情绪深渊。目的是用自己的大脑感觉，而不再用自己的情绪感觉。在自己和世界之间保持认知距离。我将这种做法称为“认知防御”。一切都需要接受智力过滤器的过滤，任何事物都不再接触生活和他人。这是真正的情绪自杀！对心理平衡有害，对生活的感觉有害，对与他人的关系有害。结果呢？无情感的、冷漠的、敏感性被抑制的人格。

在心理咨询时，我对帕特里斯的说话方式感到震惊。我告诉他，他的用词没有实际内容。他不明白。我的解释没有任何效果。在几次心理咨询后，某一天，我感觉到生命又出现在他的话语中。我跟他说明了这个情况。他也明白了其中的意思和价值。他的用词重新找回了情绪实体。这些词又重新充满生命。

如果感觉的禁止被推向极端，会导致一系列生理上的后果：内心感觉被上了枷锁的情绪所折磨，而身体的反应则包括反复发作的腹痛以及神经末梢炎症，这些让医生也束手无策。

无尽的孤独感

最糟糕的孤独感是内心的孤独感，虽然我们可能得到大家的关心，有朋友，交游广泛。我们可能在实际生活中不是一个人，虽然我们有工作，甚至是有趣的工作。然而……然而，内心充满忧伤，无尽的孤独感一直在折磨我们。这种孤独感源自于总是被感觉到的自己和世界的距离，自己和别人之间的距离。这种差距并非我们所愿，但的确非常让人痛苦，尽管我们用尽全力，我们还是感觉孤独，远离他人，无法被他人理解。甚至那些用尽全力、用尽所有的爱试图理解我们、靠近我们的人也无法真正理解。一切都是徒劳的。实际上，资优者站在自己的控制塔上，发现缺点、脆弱性、局限性……他们并非故意这么做，但是当所有机构被摧毁时，如何感觉自己被真正理解。

在自己的家庭中也能感到孤独，这当然更加难以承受，无论对自己还是对其他人都是如此。实际上，此时我们非常清楚自己并不快乐。甚至和我们最爱的人在一起时，我们还是感受到无法承受的孤独感和距离感。

其他人让我疲倦。但是我会努力，我跟他们说话，我假装对他们说的话和他们的故事感兴趣，我会回应他们，我试着变得善于交际。但这一切需要我集中注意力，需要付出很大的能量。但突然，连我自己都没有意识到，我开小差了。在某个晚会上，不一会儿，空虚感就围绕着我，我感觉非常孤独。好像没有人再愿意跟我说话。这既让我平息一会儿，因为我已经筋疲力尽。但同时，这又让我伤心。为什么？为什么我和大家在一起时无法感觉良好？为什么我会这么快就感觉对话非常无聊？这无法让我高兴。然而，他们在一起时、一起分享时，却显得非常快乐。我感觉极其孤独。我在观察这一切的时候带着苦楚，甚至有点生气。我多么希望自己也能玩得高兴。这是我的错吗?我真的是没有趣味的人吗?

弗洛朗斯在说这些话的时候带着恼恨，但是面对自己这种让她孤独、让她与别人产生距离的大脑运行方式，她无能为力。这并非她所愿，她说她非常希望自己能够“像他们一样”，希望自己是他们中的一分子，而不是像个局外人。

这种距离感几乎总是出现在资优者的叙述中。最令人痛苦的是这种感觉由来已久，当资优者小的时候，与他人的关系就已经非常不融洽了。

朋友只能是朋友

“我知道对我而言，自己与别人之间的关系非常有限。因此，我试着让这种关系的利益最优化，无论是对我还是对对方。换言之，不要浪费能量。实际上，当我们投入一段关系时，需要很大的能量。”艾蒂安是一位与社会隔离的年轻人，但这并非他自己所愿。他对自己和他人的关系进行分析，以及这种关系可能导致的害怕，害怕失望，害怕背叛，也害怕这种关系如昙花一现、流于表面。于是，他有所保留地投到这种关系中，并且只有当他觉得这种关系会给双方都带来“真正意义”时，他才“付出”这种如此珍贵的能量。

一种绝对的关系

资优者对他人以及自己和他人的关系和信任倾尽所有。对于他而言，朋友的概念是一种绝对的概念。信任是经久不衰的。但是很快，生活却表现出相反的一面：儿童、青少年、成年时都沮丧无比。为什么资优者认为交心的朋友，大写的朋友，他认为是坚不可摧的堡垒般的朋友，会背叛自己？为什么对方会不忠实于自己？但是，请注意，你们不要搞错。我这里说的这些背叛，不是会伤害我们每一个人的背叛，我说的是那种极小的、难以察觉的背叛，这种背叛如此轻微以至于这个“叛徒”经常都没有意识到。对于“叛徒”而言，这没有任何问题，他自己并没有背叛。他没有意识到这对资优者伙伴产生的影响。他并不明白为什么他的资优者朋友抱怨他，离开他。他真的无法理解。

到底发生了什么？资优者的敏感性对于自己、对于他人都是难以忍受的。一个很小的看法、一个很小的评价、一个用得不确切的词都会在资优者身上引起真正的情绪灾难。这对于周围的人而言是不可理解的，因为他们觉得这些都很平常，但对资优者却并非如此。于是这种小的失望日积月累。

资优者原本对于自己和他人的关系感觉无比信任，但是这种信任经常发生动摇，资优者和他人之间产生了距离。年复一年，他不再信任，不相信任何人。他时刻怀疑所有人，他保持一种防御状态。

一种从生物学角度已经规划好的害怕?

在大脑中，重复性的创伤经历会生成最终能自动激活的“印刷电路”。自己与他人的关系被认为是危险的，而作为人体的反应、大脑的反应，害怕会导致逃避或攻击。人体面对危险采取的生物反应重新占了上风。

别人当然能感觉到，并不再靠近他。而当有人试图靠近时，资优者会亮出保护措施。他与别人保持距离，他也说话，但是完全不谈论自己。他也认真听，但是会仔细分析。分析一切，对方说的和没有说的，对方理解的和没有理解的。对方的姿态、手势、语调、服装穿着、坐的方式、受伤的指甲……一切都将被资优者分析。这一切都会加强资优者作为认真看守人员的立场，他不会放松警惕。资优者高度的警觉性使他能够发现他人的缺点、无条理的思想和不诚实。无论这些迹象是多么的表面和没有意义。这会让资优者再次陷入孤独的状态，让人绝望的孤独状态。这是在资优者身上重复出现的悲剧，而他只不过是希望自己被驯服，他也非常害怕自己被抛弃。

这时候，出现了一只狐狸：

“……来跟我玩吧，”小王子向他提出，“我很伤心……”

“我不能跟你玩，”狐狸说，“我还未经过驯养。”……

“什么叫驯养？”

“这件事记得的人不多了，”狐狸说，“意思是：建立感情联系……”

“建立感情联系？”

“不错，”狐狸说，“你对我不过是一个男孩子，跟成千上万个男孩子毫无两样。我不需要你。你也不需要我。我对你不过是一只狐狸，跟成千上万只狐狸毫无两样。但是，你要是驯养我，咱们俩就会相互需要。你对我是世上唯一的。我对你也是世上唯一的……”

…………

就这样小王子驯养了狐狸。离别的时刻近了：

“啊！……”狐狸说，“我会哭的。”

“那又何苦来呢！”

“我不苦，”狐狸说，“我的秘密是这样。很简单：用心去看才看得清楚。本质的东西眼睛是看不见的。”……“这条真理已经被人忘了，”狐狸说，“但是你不应该忘。对你驯养的东西你要永远负责。”[1]

---

1 安东尼·德·圣-埃克苏佩里（Antoine de Saint-Exupéry），《小王子》，Gallimard 出版社。——作者注（译文选自马振骋翻译的版本，外国文学出版社，1999 年。——译者注）

做真诚的人：金科玉律

做真诚的人，就是不背叛，永远不背叛。这意味着能够竭尽全力、用自己全部灵魂保守秘密、为朋友辩护、与不公正做斗争。不公正是资优者的要害，是他们最憎恨的东西。哪怕是最小的不公正也会引起资优者反感。

面对不公正，资优者做好一切准备。他的心平气和可能转化为狂怒，他的温柔可能转化为刻骨仇恨，他的被动性可能转化为无法抑制的攻击性。所有不公正：资优者自己成为受害者的不公正，以及所有其他人成为受害者的不公正。如果只有他一个人意识到这些不公正，上述情况会加剧：他怒不可遏，做好一切准备，包括让自己身陷生理或心理的危险境地。不论如何，他都会投入战斗。他无法任由不公正肆意妄为，尽管充满危险和风险。资优者一定要向不公正宣战，绝不愿意假装忽视不公正的专横。

接连失望

如果说信任是神圣不可侵犯的，那么背叛就是公开的极大的伤害。尽管有很多痛苦的经历，但资优者天真的大脑运行方式、盲目地信任使得他们继续相信，继续抱有希望。一次新的邂逅？资优者立刻投入新的希望。然后便是让人无法承受的失望。而对此资优者又是没有预料到的。资优者总是认为信任，真的信任，经久不衰的信任是可能的。我们在具有如此敏锐头脑的资优者身上看到让人无法生气的天真，这种天真让资优者自己十分狼狈，作为代价，资优者需要花费巨大能量才能重新振作起来。但是，相信我，他会重蹈覆辙的！

在夫妻生活中，我们也会发现这种情况，好像资优者无法明白他对于对方的冲动以及对于爱情的需求会让他丧失理智。举日常生活中的一个例子：夫妻间发生争执，大吵一架。双方都离开悲剧现场，忙自己的事。你们知道资优者心里在想什么吗？他内心深处在期盼什么？他在盼望两人重归于好。他相信重归于好的时刻将会是热情浓烈的时刻。但是在现实生活中，和资优者不同，对方无法彻底从一种情绪状态过渡到另一种情绪状态，因此无法处于同一种精神状态。于是，最后没有发生什么大事。而这在资优者看来非常无趣也非常令人失望。他感觉到窘迫，就像一个失望的伤心的孩子，因为自己的浪漫梦想没有能够转化成现实而感到诧异。

你们可能会认为我说得有些夸张，你们会说这只是证明了资优者非常天真，并且不懂生活。的确如此，但这的的确确是资优者的大脑运行方式。

索菲向我承认了她非常幼稚的行为，她也知道这样非常愚蠢，但是她告诉我，她每天都情不自禁地重复这样的梦想，但最后都是自己受伤。她说:“我下班回到家,一想到能见到丈夫,我就非常高兴,我脑中没有别的事!但事实上,我得到的只是一句礼貌的晚上好,最多就是丈夫看我一眼。一切在瞬间崩塌。我在期望什么?他准备好一瓶香槟酒等我回家?两张周末的机票?还是他找了一名临时保姆来照看孩子?抑或是37朵玫瑰花(我今年37岁零三个月了)?这真是单纯而轻佻的城市少女的梦想,真可笑。当然,我的丈夫在其他方面很优秀,甚至这都不是问题所在。我就是每天情不自禁地告诉自己:今天,可能……”

“索菲的这些不幸”当然稀松平常,但是对于她而言,却是重复出现的失望。

问题出在哪儿了?无法满足于普通的日常生活。

知道自己对某个人而言是重要的……

伊莎贝尔讲述了自己和男性的问题。如同所有害怕和别人产生关系的人一样,她讲了很多难以想象的经历。她情绪激动地向我描述了一段爱情往事,当时还是少女,她有一个男朋友。她爱他,他也爱她,但是双方过着各自的生活,他们是异地恋,会定期见面,“这就像放电的感觉,我突然感觉自己又活过来了”。但是,生活迫使他们不得不走回各自的人生道路。

于是，他们通过电子邮件交流，时刻保持联系，就像所有保持这种关系的年轻人。

与刚刚开始谈恋爱的人认为的相反，通过这种电子邮件方式的书面联系可以特别亲密，有时候比直接联系要亲密得多。通过这种方式，我们敢说，敢交换意见，敢吐露心声，敢说心里话。与直接联系相比，少了很多束缚。直接联系总是更加危险。像这样，伊莎贝尔和菲利普经常沟通交流。伊莎贝尔说："知道自己对某个人而言是重要的，这非常重要，甚至比身体接触更加重要。"

闪回：在资优儿童身上，我们能发现一种常见现象。有明显的上学动机？感觉自己被等待，感觉自己的到来会让某个人开心，自己在学校出现是很重要的事：对于老师，对于教员，或另外一个孩子，无所谓。重要的是感觉到有人爱自己。这就足以让他早上起床，让他渴望上学……你们会认为，所有的孩子不都是这样吗？是的，当然。但是对于资优者而言，这是至关重要的，而不是一个选择！

与世界互相不理解

我们无法理解这个世界和他人……我们也不被理解。

如何理解无法理解的事?

意义，首先是意义，总是意义。这是资优者大脑运行的主题，坚忍不拔地寻求意义。寻找事物的意义，精确意义，绝对意义。风险？一味寻求一切事物的意义，我们最终找到的可能只是荒谬和无意义。简单地寻求对的意义已经失去意义。那么，如何理解无法理解的事？这不可能。气恼的资优者无法再理解，不能理解任何事。一切失去意义，而他也迷惘了。在尽头的尽头，什么都没有……如果没有意义我们就无法生活，怎么办？就像莫比乌斯带，无限地绕着自己转，无法分清头尾，资优者不断提出各种永远没有答案的问题。

谁能理解试着理解的人？

换一种方式理解这些奇怪的误解

不同思维方式的陷阱会渗入日常生活的很多情境中。无法理解大家认为非常明显的事或以另一种方式理解都可能导致令人气馁的后果。在私生活和家庭生活中，这可能导致一场冲突或一场无意义的争吵，最终我们意识到只是理解方式不同而已。在朋友之间，这可能导致无结果的讨论，最终导致资优者被他人排斥：朋友们很难忍受这位故意捣乱的朋友，而资优者既无法让别人听自己说，也无法在这些朋友中感觉良好，因为在这里他总是不协调。在职业生活中，这会导致很多失望或者有时候无法逆转的误解。

“例如，在某招聘面试中，因为我们的思维方式与招聘者完全不同，我们误解了所有问题。我们给招聘者的印象也是失真的形象。于是我们也就与应聘的岗位失之交臂。”这个例子很有说服力。

给人一种弱智的印象

这很令人惊讶，但是却经常发生。成年资优者经常被他人认为是“弱智”。他们说的话与他人不协调、他们的思维方式、他们的参与方式总是与他人不同、他们总是出乎意料的评语……这些很容易就被解读为愚蠢的表现或智力不高。别人可能还认为资优者是没有趣味的人或者是一些让人无法忍受的人，因为资优者从来不同意别人的观点，总是质疑一切，对每个决定都要提出异议，着眼于极小的细节。

洛朗无法再忍受。他试图让公司的事务能够有所发展，因为他的分析让他明白公司现在的管理方式是不对的，但每次都徒劳。在理论上他是对的。但是在实际操作中，他遭到所有人的反对，公司主导的想法与他不同。没有人听洛朗说话。大家低估他的能力和他的分析。与大家脱节的洛朗不被大家接受，被排斥。而且，他受到针对他的充满敌意的冷笑。更糟糕的是，有人同情他智力低下，缺乏辨别力……

寻找失去的完美世界……

理想！在儿童时期，在青少年时期，渴望世界完美和人生完美的年轻资优者有很多梦想、很多计划、很多雄心壮志。对于资优者而言，这不仅仅是个梦想。他们相信自己所想的和自己相信的都是可能的，都可以实现。当我长大之后……

感觉自己无所不能，对一切免疫

“当我小的时候，我总是想：一切皆有可能。虽然一切看上去都行不通，但我仍然相信一切都有可能。”就是这种坚定不移的信念推动尼古拉克服各种障碍。如今，他在社会等级中拥有较高地位，但是，他仍然试图与不可能做斗争。

在上述例子中，我们可以清楚看到感觉自己无所不能的力量和风险。我们在儿童时代就有这种感觉，认为我们自己的意愿可以让我们获得一切：我是所向无敌的，我不会有任何风险。我总是可以找到任何事情的解决办法。资优者经常也有这种信念，认为任何事情都无法妨碍自己，他一定能找到解决办法，他总是能够摆脱困境。

觉得自己无所不能的感觉在资优者身上根深蒂固，好像是儿童时代留下的痕迹。但这无法保护他避免一些突然的对自己不利的变动，也可能让他认为自己是无用之人，认为自己没有能力。阴影和光明，这种情绪的对比让资优者永远无法安宁片刻。

一连串悲伤

面对真实的世界，面对世界的局限，以及我们自己的局限，必须承认这样一个明显的事：生活不会是我们原本想象的生活，没有人可以实现自己曾经设想的所有事，我们必须接受放弃……对于资优者而言，最痛苦的是放弃自己以及自己的信念，放弃相信自己可以成功……感觉自己无所不能的幻影破灭……

对于真诚地希望过有限生活的理想主义者而言是痛苦的，当我们从梦想角度评价这种生活时。即使是非常完满的生活、从社会角度看是成功的生活、完美实现的生活，都会让资优者有苦涩的感觉。这真的不是他所希望的，他原本也没有想过以这种方式生活和改变世界。

超意识

超意识可以定义为超强感知能力的结果，促使大脑持续处理来自外界的信息。资优者能够看到一切，听到一切，发现一切。更确切地说，他能注意到最小的细节，注意到最小的事物，注意到环境中的最小的迹象。从某个物体的颜色到对话者上半身的姿态，从房间微弱的气味到随着阴影晃动的光线，所有信息都被资优者考虑。对于资优者而言，平常的事物可以变成最重要的事物。在资优者面前，任何事物都无法逃脱，一切事物都将被其大脑“处理”。于是，我们将会因为看上去显得不恰当、不合适的某个想法、某个反应、某个行为（以没有人会注意到的成分做参考）而感到惊讶。每个人都会感到惊讶，资优者也会。

超意识通过大量数据信息大大丰富思维资源，这些数据信息将被融到对某个情境、某件事情的分析和理解中。但是，超意识将不可避免地启动联想网，并将导致会产生无穷尽问题的树状结构。超意识可能使资优者与环境断开联系，使资优者走得很远。

我经过一棵树，突然，这棵树吸引了我的注意力。一连串的问题被启动：这真的是一棵树吗？为什么它在这儿？这棵树有什么用？这些问题接连出现的速度以及无法控制它们出现的事实让这一时刻成了一种失控状态，这让我非常苦恼。

除了上述这些在我脑中蔓延并从各个方向拉扯我的大脑的问题外，其他问题也接踵而至：我为什么提这些问题？为什么我不能只是经过这棵树而看不见它（大部分人会看不见）？我感觉自己在自己的思维中不知所措，这是我真正感觉到的痛苦。

阿利克斯是一名学医的学生。她跟我说，有时候她试图与这个世界隔离，为了自己不被侵袭。她走路时低着头，她强迫自己不去听，为了减弱自己的感受性，她开始在心中胡思乱想。甚至在家时，她经常故意将自己关在黑暗中，为了感受不到任何事物，从而让自己的思维系统得到休息。

我还遇到了卡罗琳，她的经历基本与上述相同，但是更加有趣。她是广告部经理。有一天，当她向一位重要顾客介绍一项广告设计时，她发现了一个不恰当的细节。当然，其他人都没有注意到。刚开始她还能抑制自己，但是，她突然大笑起来，无法停止，而她面前这位顾客感到非常困惑、恼火。当然，最后合同取消……

刻板的思维

树状结构导致的无限制的思维需要得到控制，以免超出可控范围，以防止其不停地朝极限跃进。情绪的不断干涉促进了这种思维的纷乱。这种纷乱思维会导致不安、焦虑。如何平息这种不间断的思维？对于资优者而言，解决办法是运用各种方法试着控制。这会导致一种看上去比较刻板的大脑运行方式，有过于简洁的倾向，没有任何情绪组合。需要明白这是一种旨在自我保护的机制，为了设置使人放心的界限，为了给泛滥的思维确定范围。于是，在讲话中，在行为中，这些机制表现为若干形式：寻求绝对的精确性，寻求每个事物的精确意义，需要关闭可能性辖域，需要减少不明确的假设……在这种大脑运行方式的倡导下，资优者有时候会因此成为无能为力的受害者。他可能看上去像个冷漠的人、自满的人，说话专横死板，盛气凌人。而在这表面之下，是敏感、脆弱的资优者，他努力试图掩盖自己的脆弱和自己真正的人格。

为了让自己是对的而不惜一切代价

马克跟我说："对于我而言，知道谁是对的是很重要的事。在生活中，必然有两种情况，对的和错的。"

大部分的资优者生活在这种二分法中，好像他们的人生依赖于此。必须找出真实情况，对于他们而言，真实情况一定存在。

热罗姆强调说："我们无法接受细微差别。"

这句话很好地反映了资优者需要表明自己是对的的强烈愿

望，或至少需要确定对方接受他的观点这一行为是对的。还有一点必须绝对坚信，如果事物是这种方式，它们绝不能是别的方式。一切事物非黑即白，没有灰色。任何情感都不能避开这条不可改变的法则。喜好也不可以：我喜欢或我不喜欢。只有这两种情况。

为什么？因为细微差别会向怀疑和选择敞开大门。这是资优者不惜一切代价想要避免的。资优者不懂得如何选择。而这有时候被认为是弱点或人格不足。资优者绝不是这样。但是，如果事情不是特别重要，与其“苦思冥想”研究一切，将一切置于平衡状态，从而准确地确定什么是正确的选择，还不如让别人做更简单，更让人感到轻松。

绝不放弃

但是，在别的情况下，资优者绝不放弃。在这种情况下便很难生活下去了，无论是对资优者还是对他人。资优者总是会一直寻找最小的论据、最小的缺点，找到最小的缝隙钻进去，然后重新振作。他必须是对的，必须是他拥有决定权。无论如何，他都会质疑你们，削弱你们。当他感觉自己被侵犯时，他会改变机制，变成侵犯者。你们能否想象讨论迅速转变成冲突，变成争吵的情况？为了试图让资优者接受你们的观点，你们可能筋疲力尽，耗尽能量。刚开始你们就是失败者，无论你们提出什么论据，因为无论如何，重要的不是说了什么，而是为了有理而有理。很可笑吗？不完全是这样，如果我们明白，脆弱的资优者的行为有时比较刻板，他害怕质疑自己相信的东西，因此他毫不退让。这意味着需要重新思考。而对于资优者而言，思考意味着走入错综复杂、扑朔迷离的迷宫。然后呢？那么，你们现在就放弃吧！

“这么说有什么用？”

这是资优者经常说的一句话。谈论某事物时必须有意义。否则，为什么要说，却言之无物？至少在资优者看来是这样。谈论某事物也就意味着分享各自的感想，提及某种感觉，谈论自己，谈谈自己对于某个情境、某个事件或别人某个行为有什么想法……这不一定有意义，至少不是资优者期待的意义。谈话时需要有一个目的，一个确切的目标。实际上，这种反应表现出资优者的某一种脆弱性：他害怕别人说的话中包含针对他的具有挑衅性的内容，或你们正在试图在他身上找到一些缺点。因此，他处于防御状态。而“这么说有什么用”这句话的意思在资优者理解就是：你是在责备我吗？如果是的话，那么你责备我什么呢？是不是有什么事我本来应该理解的或应该做的，而我没有做到？你说的话里是否有我没有完全明白的内容？资优者这种大脑运行方式有点让人不知所措，而对方也会感觉被这些问题冒犯。对方认为，如果资优者觉得他说的话没有什么用，这就意味着他说的话很乏味，没有价值。他会因此受伤。于是出现了互相不理解的恶性循环。根据交谈双方之间的关系不同，导致的结果也不一样。夫妻之间，这会以无法摆脱的冲突结束。在职业关系中，一切取决于资优者的等级地位。如果他的地位高于对方，他会蔑视对方，而后者则会觉得自己的上级非常傲慢，非常冷酷无情。朋友之间会互相疏远。而在父母和孩子之间，如果他是孩子，会被责骂，会因此受伤；如果他是父母，会认为自己的孩子质疑自己的权威且过于蛮横无理。但每一次，双方的关系都会受到影响，双方也都会忍受痛苦。

停止思考

当树状结构超出限度时，当他不知道是什么，不知道如何思考时，当情绪强度让他心跳，太阳穴快爆裂时，资优者会突然停止思考。资优者会突然开小差。这会发生在任何地方、任何时候。有点像断路器：在出现严重过载时，断路器会自动断电，为了避免火灾的危险。资优者也如此。他的大脑运行方式与此相同：当他无法忍受过重的负荷时，他就会停止，这会表现为话说到一半时突然停止，眼神突然集中到某个无关紧要的细节，原本运动的身体突然僵住不动，或者离开讨论现场……一切都可能发生。但资优者在当下并没有意识到这些，一点都没有。只有当你们把他“带回”到现实中时，他才能意识到。当然你们需要友好一些。资优者这种态度会让身边的人感到窘迫，使他们不舒服，因为他们不明白发生了什么，他们也可能生气。

这种停止思考的情况也可能发生在智力和情绪方面比较平淡的情境：无聊的时候。刚开始时，资优者还能保持连接状态，这需要他付出一些能量。然后，就像我刚刚说的，要么是空白，要么是逃离，通过思考或通过行为。

维尔日妮在躺椅上安静地阅读。她被阅读深深吸引。突然，她一动不动，两眼放空。她的思绪肯定已经飘向远方，很远的地方。

米丽埃尔尖锐地讨论，她不同意，她试图让别人接受自己的观点。无论如何，她知道她是对的。她的对话者“使她膨胀”(这是她的原话)。对于她而言，他完全不明白这个问题。他的论据是伪造的。因此，在没有提前通知对方的情况下，没有意识到自己行为的米丽埃尔起身离开，把目瞪口呆的愤怒的对话者留在原地。

不确定的生活

“空白”、“暂时不在场”、一切好像静止的时刻、目光呆滞的时刻时不时出现在资优者的日常生活中，包括资优者自己一个人的时候。于是，他随便做一些事，穿衣、洗澡、准备饭菜等。他停下，一动不动，完全从周围现实中抽离，他的生活暂停。

上述现象与资优者大脑过度亢奋密切相关，资优者出于自我保护，在大脑活动过于强烈时，有时会完全断开。任何东西都不再流通。这是一种非有即无的大脑运行方式。

生活或看自己生活？

我感觉自己从未完全处于接通的状态。我在这儿，可同时，我看见我自己在这儿。例如，现在，就在我跟您说话时，我看见我自己正在和您说话，而且我在分析这个场景。

这是塞西尔在接受心理咨询时说的话。但是弗朗索瓦、樊尚、保罗还有很多其他人也都跟我这么描述过，所有人都有这种经历。

发生了什么事?资优者思维的树状结构使得资优者能够同时在若干轴线上思考，使得资优者能够分散自己的注意力。当人们需要同时关注若干事物时，每个人都可能具有分散性注意力，但是这种分散性注意力在资优者身上有特殊的维度:景深。资优者可以从二维思维方式过渡到三维思维方式。资优者经历的事，主要的场景，被置于透视视角下，并通过仰摄的方式进行观察。就像一个摄影师在转动镜头。但是，资优者也是导演，他观察、分析并可能修改某些参数。他会预计对方的反应，加快获得结果的速度，猜测结果，明白意图……并自我调整。

为什么?还是因为资优者强烈的控制和指挥需求，因为资优者需要了解，不能允许自己被意外情况弄得很狼狈，也是因为害怕。害怕自己受情绪的影响，害怕感觉到自己很脆弱，害怕让别人看到自己的脆弱。但这也是一种无意识行为，这不是资优者有意识的策略，而是其大脑过度兴奋产生的副作用。资优者运用这种大脑运行方式，但也为此感到痛苦。资优者也会经常感到痛苦，因为自己无法“完全”体会一种情景而不进行分析，这种分析能力会不间断地辨识最小的细节。

不可能活在当下[1]

我生活中最大的一个问题，就是我总是感觉自己在看电影，我无法参与到我所经历的事中。这是我感觉最糟糕的时刻。可是有时候，我会突然觉得自己又与世界有了联系，我有点飘飘然，我感觉自己什么都能做，于是，如果我无法做得更多，这会让我恼怒。

年轻的成年资优者奥利维耶准确地说出了一种矛盾现象，有时候他感觉自己在生活之外，有时候又觉得自己无所不能，自己的局限或世界的局限会让他沮丧。

对于资优者而言，完全处于当下，与自己的感觉和情绪同步，享受当下简单的快乐，都是几乎不可能的任务。哲学家所说的活在当下鼓励人们充分利用自己在当下的经历，但这对资优者而言却是无法做到的。资优者对所有自己经历的时刻保留的元认知使他无法安静地做一名演员，使他无法平静地体会当下。他永远都不只是演员，他同时也是观众，甚至是自己人生的评论员，就像旁白。这令资优者感到疲乏，有时候很痛苦，经常会让资优者感到失望。

1 Carpe diem，拉丁语，出自贺拉斯的诗歌，通常被翻译为“活在当下”或“把握今朝”。——作者注

自我批评：对自己的看法

资优者也会对自己进行透视了解。资优者首先观察的是自己，并评价、判断、评定。通常是消极的批评，因为资优者从未觉得自己足够好，从未觉得自己足够有能力，从未觉得自己足够有竞争力。无论在什么领域，他很难喜欢自己，赏识自己。觉得自己脆弱、对自己缺乏信心、总是害怕让别人失望……忧心忡忡的成年资优者不停在寻找他人的承认和自己的价值，一刻不得闲。为了让自己安心，关于他自己，关于人生。这可能实现吗?

能够预感一切

这是资优者大脑运行方式的另一个结果。

相对于我所经历的，我总是处于超前状态。我无法在我经历事物的时候感受这些事物。好像我是在这些事情发生之前看着这些事情发生。我时不时地会感觉到我在等。我已经知道了，我很清楚情况会如何演变。我觉得很奇怪，因为别人好像对此一无所知。于是，我有时会改变方向，以防止不愉快的结局发生。然后，我以消极的方式诠释一切。因此，我难以在我经历的事物中获得快乐，因为我总是设想一些灾难场景。尤其是和我女朋友在一起时。

不断地预测，经常让人忧虑，会导致弥散性的、持久的焦虑。这会让人错过人生中的一些快乐，让人无法宁静地生活。我们已经在前面，等着事情的发生。

安德烈亚以一种感人的方式说道："我很少会说：这可出乎我的意料之外！然而，我倒是希望获得真正的意外！例如，在我的生日到来之前，我就知道将会发生什么事。于是，在我的脑海中，就像一次总彩排。我预感到生日当天的各种小的事件和细节，以及礼物，我看到我的反应，以及周围人的反应……但当事情真正发生时，永远没有预计得好。"

在日常生活中，我们会发现这种预测带来的各种出人意料的后果。马克斯在工作面试结束前就离开了，因为他已经知道这次面试不会给他提供工作机会；瓦莱丽说："好的，我同意分开。"而她的丈夫才开口说话；当皮埃尔明白他的对话者对他的计划不感兴趣时，他就更换了话题……而布鲁诺则羞愧地说道："跟我妻子在一起时，真是让我痛苦。虽然我早就知道她将要说什么，但是我不得不让她把话说完。有几次，我没有意识到，我打断了她，她还没有说完接下去的观点，我就已经回答了她！这让她非常崩溃！"

差距啊，差距……

向预感挑战：不惜一切代价的享乐主义

这是出乎意料的抵御方式，资优者对自己生活无休止的分析感到筋疲力尽时，会激活这种自我保护的回应方式，资优者对自己生活无休止的分析使得他无法获得很多快乐，于是，他选择了享乐主义。这可以让他不再“苦思冥想”。为了快乐而快乐，仅此而已。

在男性资优者关于性的描述中我们可以发现上述现象。资优者害怕自己无法满足对方的期待，害怕让对方失望，害怕发现对方其实不快乐，害怕投入感情，害怕必须谈论自己……这些害怕让某些资优者寻求与轻浮女孩的转瞬即逝的快乐。花钱让自己快乐，我们能够控制这种快乐，且不需要任何回报。这是一种逃避情感的方式，也是温柔的幻觉。这让人放松，因为这是一种选择，能够让我们避开具有抑制作用的预感陷阱。

身体快乐的过度投入也可以在其他情况下出现。唯一的目标是感觉自己活着，真正活着。能够在自己身上感觉到天然的快乐，且不因为分析和思考而有丝毫减弱。

弗洛朗斯选择了蹦极：“我没有思考的时间、提问的时间，我跳下去，突然，各种感觉迸发出来，这真是前所未有的轻松感。”

当然，享乐主义也有自己的局限性。过度追求享乐会导致生活不正常。偶尔追求享乐，这是一种策略，而长时间追求享乐就成了一种病。

第七章

女性资优者

Du côté des femmes

你知道，作为女性资优者可不是那么简单的……

女性资优者有一些特殊情况。首先是成长轨迹。我们知道，在儿童时期，小女孩的适应能力要比男孩强。她们更容易接受“游戏规则”，尤其是在学校。女孩能够做到符合规则。但是这种适应性也需要她们付出巨大努力。这是一种适应策略。这不是天生的能力。但是对她们而言，有时候也很难忍受或难以接受自己的与众不同。她们努力克制自己以符合别人对她们的期待。但是这要付出何种代价?

当负荷过重，压力过大时，麻烦和问题会在青少年时期突然猛烈出现。这时候就更难帮助她们，因为这种痛苦是原来积累的并且已经凝结。这些麻烦和问题日积月累。她们的痛苦被抑制并且已经根深蒂固。

如果麻烦和问题在青少年时期没有迸发，年轻的资优女孩长大成人，但是她心中的疑问仍未找到答案，尤其是一直感觉到自己总是与他人脱节并且与众不同。她的一生可能一直在适应、质疑自己，在自己身上寻找自身问题的原因。但是她几乎找不到答案，自己的真实人生与自己特别期望的人生总是“有偏差”。她不明白其中原由。女性资优者总是孤单一人，因为她特殊的智力将她与他人隔离，这比男性资优者还要明显。她的极端敏感性使得想要保护她也非常困难。因此，男性、其他人可能会害怕。

我讨厌感觉到自己会让别人害怕，尤其是因为我并不是故意这么做，而且我自己没有意识到这点。通常人们跟我说，当他们第一次遇到我时，我就让他们害怕。我没有意识到这点。这不是我故意的。我原本的感觉是做真正的自己，自然的我，就像往常一样!

47岁的莫妮克因为这种状态而感到万分痛苦。她掌管一家小企业，但很难控制自己表现出来的形象。她跟我说道，让她感到最痛苦的是她很喜欢别人，但是却发现这种喜欢不是相互的。她继续说道:“当人们看到我时，要么他们马上喜欢我，要么永远讨厌我。”在她和男性的关系中，过程总是一样的。她让人害怕，尽管她竭尽所能让自己符合她认为应该成为的样子。

如今，她和丈夫结婚已经20年，夫妻关系稳定，但是她说："那是因为我又发现了一个和自己一样的'外星人'。实际上，我在结婚之后很久才发现我的丈夫也是资优者。然而，他的大脑运行方式与我的完全不同。我性格极其外向，而他比较稳重、深思熟虑。有时候这让我恼火，这让我难以忍受，因为我一直感觉我才是我们夫妻关系的驱动器，应该由我做决定。但是，我不得不坦诚地说，多亏了他，事情才能得到解决，一切才能井然有序，我们的生活才不至于乱成一团。我丈夫作为资优者的方式让我们的夫妻关系更加稳定，让有不同特点的两个人互相理解，一起生活……当然，我们也有相似点，有让人无法相信的默契。"

女性资优者很容易让别人害怕

她们对于这个世界的看法、她们分析其他人的方式、她们身上散发出来的自信，认为自己懂得非常多，这些都让人害怕。让男性害怕，也让女性害怕。她们看上去专横、无法接近、对自己肯定、为自己感到骄傲，尤其是非常冷漠，没有什么感情。很明显，她们绝不是这样，而且事实正好相反。但是她们的"面罩"让别人误解了她们，她们的保护壳将她们和其他人分隔开。在她们的伪装外表背后，是强烈的孤独感。她们非常需要被爱，她们非常需要自己被保护的感觉，她们必须在生活的各个时刻隐藏自己过度的敏感性和情感性，使自己不被情绪所控制。

作为资优母亲

在这种情况下，一切都混在一起，一切都变得混乱。一方面，作为资优母亲（并且她的孩子也是资优者），她需要理解自己的孩子并适应自己的孩子，有时候是没有言语的对话，以一种完全凭直觉的方式，非常亲密的方式。但是这种情况很快就转变成陷阱。对于母亲和孩子都是如此。对于母亲而言，如果她不知道自己是资优者，那么她的孩子就是正常的，意思是说，对于她而言，所有孩子跟自己的孩子都一样。如果身边某个人发现她孩子的一些特点，比如特别活泼、充满好奇心、早熟等，她会感到惊讶。她不明白这有什么不一样的。对于她而言，她的孩子跟其他孩子一样。但是当这个孩子上学时，就会发现一些端倪。根据在学校里发生的事、迎接他的老师、课堂教学等情况的不同，孩子的特点可能一下子变得非常明显且让人厌烦，或被大家接受。对此，几乎没有评判标准：

孩子被认为是奇怪的、古怪的或不能适应环境的。学校不明白他的行为为什么与别的孩子不一样，为什么他不能像其他孩子一样乖乖地遵守规章制度，为什么他感兴趣的事物与其他孩子不同，为什么他无法像其他孩子一样进入框架。很快，父母就被告知相关情况。于是他们就开始不停地进行心理咨询。父母感觉责任在自己。孩子和家人往往需要忍受若干年，然后，有一天，孩子被诊断为资优者。或者，在最悲观的情况下，孩子表现出一些障碍，而大家也不明白这些障碍的原因，于是孩子就处于一种无名的、没有出路的苦恼与绝望中。

在最有利的情况下，孩子被认为是班级的领导，具有正面形象。他快速的理解力、丰富的词汇、对新知识的反应能力等都得到老师的赏识。被看重的小资优者也因此在这样的学校环境中得以充分施展其才能。

这里我说的只是刚开始的一段时间，而前途漫漫。尽管他能够很容易地融入他人，但一切也可能突然发生转变。这是资优母亲没有预料到的，尤其是当孩子是男孩时。因为资优母亲小时候的学校经历并非如此。在还是小女孩的时候，她的适应能力远高于资优男孩。她通常能够接受学校系统的规则并取得成功。有时候有极其优秀的表现，她可以“做到”，尽管不快乐，也不理解这一切的意义。她所理解的是人们对她寄予厚望，她的成功能让父母感到骄傲。对于她而言，成功是日常生活的一部分。也正因为自己的成功，她能够得到父母的爱以及身边人的赏识。并不是说她就要固执地追求成功，而是这样让人欣慰，这让她满足。因此，面对自己处于困境中并遭受失败的儿子，这位资优母亲无法理解。她失去方向，不知所措。她试图帮助自己的孩子渡过难关，但是无济于事。她过去曾用过的任何方法和诀窍好像都行不通。于是，她惊慌失措，不知所措。她认为唯一要责备的人就是她自己。她是个坏母亲。就是这样。她搞砸了孩子的教育。这位不知所措的母亲去寻求帮助，但是通常情况下，心理师会加强她的负罪感，并建议她自己先接受治疗！这是多么恐怖的建议！如果她的孩子出了问题，肯定是因为她出了问题。而如果她好了，她的孩子也会好的。那些过时的心理学规则就是这么认为的。很不幸，这些规则在我们的国家仍然肆虐横行……兜了一圈又回到原点：资优母亲和孩子都出现问题，很严重的问题。如果父亲、身边的人、某个专业人士不阻止这个过程，母亲和孩子将会陷入无可名状的困境中。

资优母亲们，行动起来吧！是的，你们的孩子和你们一样！是的，你们的孩子需要你们！是的，你们可以陪伴他！但是有一个条件：理解并接受他是特殊的，你们也是特殊的。因此，你们需要，你们也可以和他一起前进，给他有力的手，牵着他走向美丽的人生。你们也一样。相信你们自己，你们可以做到，你们身上具备一切资源。重要的是坚持你们对孩子的理解：你们是对的。即使你们的意见与身边人们的意见不同，尤其是学校甚至是心理师，你们需要知道你们才是最理解自己孩子及其需求的人。抵抗、行动、向前冲。不要让自己被那些吓唬你们、让你们怀疑自己信念的人所影响。我知道你们害怕，甚至非常害怕，害怕自己弄错，害怕自己犯错，害怕自己做了错的选择。害怕很正常，但是你们必须运用这种害怕来调动你们所有的力量。我们永远不能忘记，在教育中，零风险是不存在的。重要的是做决定，而这个决定必然会包含风险。无论我们为自己的孩子做了什么选择，其中都会包含一部分风险。因此，面对一个决定，重要的是评估决定中所包含风险的“重量”。天平并不总是朝预期的方向倾倒……在母亲的生活中，做最后决定的重任有时会落到她的身上，这也是她的责任。她需要冷静对待，给自己犯错的权利。替资优者做选择是一种考验，而对于面对自己孩子的资优母亲，则是一种折磨。我知道，你们最终会让你们的害怕成为自己的盟友。你们看吧，这会改变一切!

资优女性不顾一切寻找男性

有一天我妈妈跟我说:“你从小时候起就非常有天分，非常聪明，但这只会给你制造麻烦。”

这是一位不知名成年女性资优者给我写的信，她想知道是否因为这她才难以幸福。

女性资优者有很大的两难境地。你们也许会说，又有一个两难境地？这种困境在爱情关系中非常明显：一个人是否可以既是女性又聪明，有既丑又不怎么性感的危险？你们知道，这大概是金发女郎的经历……它告诉我们，如果一个人很漂亮，这个人就一定不聪明，反之亦然。你们知道为什么吗？因为高智力会让人害怕。尤其会让男性害怕，让聪明的男性，甚至是非常聪明的男性害怕。实际上，智力总是伴随着针对自己或针对他人的批评意识，这种批评意识会一直质疑。当一位男性和一位太聪明的女性在一起时，他会害怕自己达不到对方的高度，害怕他的弱点被揭穿，害怕自己的脆弱性被发现。很少有男性愿意接受这种挑战，因为他们对自己没有太多信心。即使在21世纪，现代男性仍然需要感觉自己很厉害，需要感觉自己仍然处于支配地位并且能够保护身边的人，需要感觉自己总是处于超前状态。这并不是为了给他人带来烦恼，也不是对穴居时代的怀念，而仅仅是因为他自己也害怕，非常害怕。

女性资优者的挑战就变成了：脱离自己被分配的角色，即做一名温柔体贴、顺从、听话的女子，并保持对男性的“吸引力”的角色。保持自己真实的样子，保持自己吸引男性的能力，而不让自己试图吸引的男性逃跑。这不太简单，因为男性逃得很快。即使是那些爱得发狂的男性，在这样的女性面前，也会失去方向，不知所措。如果他们结合，他会试图让她进入他的框架，并控制她，并让他自己放心。

会出现另一个困难：女性自己也非常害怕。因为她是资优者，你们还记得吗？并且她会不可避免地怀疑，怀疑自己，怀疑自己的价值，怀疑自己是否是有趣的人，怀疑自己的外貌，怀疑自己说的话。她感觉自己非常渺小、非常无能、非常愚蠢。你们意识到了吗，这是误解！

而她的超强易感性也让人无法忍受。她能捕捉一切，包括最细微的情绪，她能感知很多情绪。于是，她试着疏通、克制，以免自己被情绪吞噬和控制。这可能被认为是一种距离感，一种冷漠，缺少同情心。这太过分了！然而，这些情况经常发生。

“我很聪明？您开玩笑吧！”

这是经常能够听到的句子，是我们在进行心理检查时经常听到的句子。女性比男性更难相信自己很聪明。这几乎是一种谎言。她不觉得自己很聪明。

当我们和一位母亲（她的孩子刚刚被诊断为资优者）谈话时，会突然发生令人惊讶的事。我们经常听到：“这肯定不是从我这里遗传的！肯定是我丈夫！”对于女性资优者的陪伴工作、安慰工作，让她们重新适应自己，适应真正的自己，这些都是漫长且艰难的，她们对此十分抗拒。身为资优者，这种身份意味的所有事情，这种身份可能质疑或再质疑的一切，都让她们非常害怕且比男性要严重得多。女性接受自己的真正身份需要勇气和耐心，而这对于她、对于她的人生、对于观察到这种变化的治疗师而言，都是非常奇妙的事。这真的是一种变化，一种内心的变化。这种内心变化也会影响外表，甚至是身体或相貌。各个年龄的女性资优者，在接受了自己后都会发生一些容貌的变化：更加快乐、更加外向、更加爱笑。内心的美重新体现在外表。而这些变化让人非常开心。所有人都注意到了这点，这种积极的变化对自我认识具有一种催化剂的效果，这种变化推动并加强了自我认识。

女性和智力之间的关系有一种事与愿违的结果，即很少有女性接受测试。如果自己是资优者的想法无法在自己的脑海闪现，为什么还要进行心理检查？然而，女性资优者非常质疑自己，对自己提出很多关于自己和世界的问题，以至于在她们内心深处，她们总是感觉到一种无法理解的差距，但她们对此缄默不语。

细小却重要的个人看法

在写这本书时，我重新阅读了这些年收到的所有信件，经常会有一些令人震惊的言辞、求救信件、关于自己痛苦不幸或无法解决的难题的描述。这些信件通常很长，非常详尽、真诚、真实。而令我惊讶的是：四分之三的信件都是女性写的。是因为男性的羞耻心，还是因为女性的坦诚、诚实？应该两者都有吧。但还有其他原因：在儿童的心理咨询中，我们发现男孩子数量较多。他们的障碍更加明显，更加让人烦心。他们经常让身边的人担心，而女孩子则默默地适应，但却付出巨大代价。她们的目的是让他人高兴，为了符合父母和老师的期待，为了让自己被爱。但是，在成年阶段，谁来接受心理咨询？谁愿意质疑自己？谁会向自己提问，并思考自己的人生？谁能够敞开心扉，并说出自己内心最深处的伤痛？当然是女性。她们是心理师最主要的成年患者！

第八章

夫妻：物以类聚，人以群分？

Les couples : qui se ressemble s'assemble ?

成年资优者的朋友通常也是资优者！是的，就像学校操场上互相吸引的小伙伴。当双方父母意识到他们的孩子都是资优者时，他们感到非常惊讶。这是人格中的常量，首先被与自己大脑运行方式相同的人所吸引，继而依恋此人。这并不是说我们都是一样的，而是我们可以发自内心地互相理解，在对方身上也能感觉到在自己身上可以感觉到的对生活的敏感、对世界的易感性以及一种无声的理解。

一种“奇怪的熟悉感”将他们联系在一起……

英格丽德回忆道：“当我遇到大卫时，我好像有一种似曾相识的感觉……突然，我好像中了魔法一般，我不再需要掩盖我的敏感性和我对事物及他人的感知。他能够理解我。而我也感觉认识他很久了。这让人有一种安心、平静的感觉！”

资优夫妻呢?

对此没有任何研究。只有一些临床实践让我们观察到“相同”的大脑运行方式也会促使资优夫妻的形成。和别的夫妻一样，我们总是会被我们感觉能够理解我们、能够爱我们真实样子（而不是我们表现出来的样子）的人所吸引。我们认为这个人能够感知到我们试图隐藏的东西，能够看到我们人格的丰富性，尽管我们的行为能够适应社会，尽管我们的成功得到承认，尽管我们为了更好地保护自己而采取了一些诱惑手段。在这些伪装手段中，幽默、嘲讽、巧妙的回答、外向人格等都可能成为最明显的外在迹象，只有能够辨识出他们是资优者的内行或资优者才能感觉到这种迹象。

但是我们也可以发现一些阴暗的、内向的、爱发牢骚的、爱抱怨的人，他们总是认为这个世界运转不正常，任何人对这个世界都一无所知。害怕这个世界复杂性的人通常都沉默寡言，看这个世界时带着挖苦的观点。大多数人认为人生并不艰难，而资优者却害怕这样的人生，对于他们而言，每一步都是一次考验。

在这两种极端之间，各种组合都是可能的：一位有创造能力的、性格外向的人被一位意识到自己行为并为了与这个世界和谐相处而疏通自己智力的资优者所吸引；一位焦虑易激动的超级敏感者希望在一位踏实的、对环境有适应性的、具有非凡魅力的资优者身上找到让自己平衡而必不可少的安慰与鼓励。这位踏实的资优者在这位脆弱的资优者身上找到了对自己作为领导者优点的承认。

有一点是确定的：我们遇到很多资优夫妻，他们的性格特点互相叠合或互补。我们怎么知道的？当我们遇到一名成年人，我们开始对该患者进行心理检查，然后进行治疗，其配偶会很快提出疑问。患者（无论男女）自问（正面或负面）关于其配偶的相关情况。

40岁的萨拉是一名成年资优者，最近才被诊断出来，她承认之所以选择自己的丈夫，是因为只有他能够从她手上逃脱。他是唯一能够抵抗住她诱惑的男性，她用尽所有诱惑手段才说服他。之后，她通过自己发达的移情能力感知到自己未来丈夫能够感知的事物，感知到他对她的期待，于是她按照他所喜欢的样子构建自己的人格。如此，他也能够自豪地在因工作需要而必须去的社交晚会上介绍这位友好、漂亮的金发女子，既温顺，又没有工作。萨拉根据自己的计划，取得了真正的成功，她丈夫也间接从中获益。然后，像所有资优者一样，因为家庭原因没有上过学的萨拉当然有一种自卑感。她觉得自己非常愚蠢、不聪明，并认为正因为如此，她和别人在一起时会很快感觉无聊，她想：当然了，因为自己对此一无所知！

在诊断为资优者后，萨拉意识到自己是资优者，她突然醒悟，就好像笼罩着的薄纱被撕去：她的丈夫并不是“这么聪明”，并且一点也不尊重她。这个男人以自我为中心，漠视这位“花瓶”妻子的需求（萨拉这么说她自己），他和这样一位附属自己的妻子过着平淡的生活。这是面对诊断结果的难题之一，这可能质疑之前做的选择。对于萨拉，这让她明白了，因为极度缺乏自信，自己的智力被抑制，从而导致了对自己的致命误解。她需要得到保护并做好一切准备，使得自己假定的智力缺陷被自己的外表以及她极度忠实的丈夫的成功所掩盖……萨拉正在接受治疗，我还不知道最后的情况……诊断为资优者对萨拉而言是可悲的，因为她如今十分了解自己的丈夫，且不喜欢自己看到的真实情况。尤其是，她的丈夫只能接受自己的妻子表现出些许对于寻求自我发展的意愿，只能允许她为了自己以另外的方式生活，只能允许她成为聪明的、敏感的和有文化的女性。然而，萨拉试图让自己的丈夫了解一些事。但他听不进去，且突然感觉和自己的妻子产生竞争。他无法接受她可能比他更有天分的事实，无法接受她的知识量比他多，无法接受她的理解比他的理解更为确切。于是，现在，担心害怕的是他，他也因此变得好胜心很重，因为他感觉自己比妻子低一等，这对他而言是一件危险的事。这完全不是萨拉关心的事，她希望尝试不可能的事：向丈夫解释他如何能够换一种方式思考……

知道或不知道自己是资优者:对于夫妻是危险还是有利?

萨拉的经历是一种假设,认为夫妻双方其中一人的诊断和治疗可以去除刚开始的误解,并得出哪些机制使得这两人结合在一起。夫妻需要重新思考。

在其他经常出现的情况下,患者意识到自己的另一半也肯定是资优者。他越了解自己,就越能更好地了解对方。通过对自己的了解,他将获得了解对方人格的关键因素。如此,可以加强双方的关系,并能够更好地发挥互补性的作用。两个资优者既相同,又不相同,而对这种两极性的了解打开了互相促进的新道路。有时候,这将最终导致夫妻的治疗,但更经常的是患者自己很容易就成了对方的治疗师。还有些时候,在进行了几次心理咨询后,当我们刚开始理清思路时,患者夫妇会一起根据心理检查结果以及治疗师给出的方案继续治疗!

我的观点

当人们“知道”自己是资优者的时候,发生变化的是他能够清楚地明白作为自己当下生活的基础的一些机制。这些机制推动资优者做出职业、个人、家庭和情感等方面的选择。此时,资优者便具有了一种新的力量，这种力量非常强大。因为对生活有了新的理解，资优者可以做出明晰和理智的选择。在这些选择中包括：重新选择和自己一起生活的人。这对于夫妻的未来而言，是一种充满财富的、充满希望的动力。

资优者会分析：我出于某个原因爱上了你，并选择了你，而现在我明白了这些原因。于是，我现在决定和你一起生活。明确的和不言明的原因可以多种多样，并在这对新夫妻之间新的交流和生活中具有重要作用。这对夫妻因为这种“重新考虑”的关系而紧紧联系在一起，而这种关系是相当成熟的。（我是否可以说“成人的”？）

资优者+资优者=幸福的夫妻？或注定要分离？

没有这么简单！一切取决于双方的人格、各自的经历和过去。如果双方立即知道或在中途逐渐发现对方的特点，夫妻关系就很难组建。根据谁首先发现这点以及发生在人生的哪个时刻，对夫妻造成的影响都将不同。你们应该能明白，因为这涉及很多因素。然后，就像所有夫妻一样，大脑运行方式的相似点是有利的方面。这些相似点能够促进双方更好沟通，并促进互相理解。这是毫无疑问的。

分离?

不是这样。因为安全在一起、夫妻关系像宁静的小岛,(在这里我们可以有归属感,我们可以不使用言语进行交流,可以互相理解而不需要解释。)能够加强双方的平衡。对自我的肯定会在夫妻内部慢慢稳固,变得更加强烈,从而迎接外界、其他人以及世界的挑战。认为资优夫妻无法适应世界的想法与现实不符。夫妻关系就像坚实的基础,我们可以安静地离它远去,也可以回到它身边重新恢复力量。

马克和卡罗琳,结婚13年,说道:"当我们的第一个女儿被诊断为资优者时,我们才得知,或更确切地说,我们才明白我们两个也是资优者。我们其他孩子也被检测为资优者,我们意识到我们自己身上这种奇怪的人格都遗传给了我们的孩子。于是我们决定冒险,也去做了测试。在此之前,我们一直没有发现我们与其他夫妻之间的差别,因为……我们是一样的。对于我们而言,我们的特殊性是'正常的',我们没有其他参照!在得知诊断结果后,我们重新回顾了我们相遇的经历以及我们生活的经历,并且明白了在此之前一直都忽视的方面。这增强了我们之间的亲密度,并使得我们能够更加深入地了解对方。如今,我们感觉能够更好地陪伴我们的孩子。"

第九章

一切顺利的资优者?

Et ceux qui vont bien ?

写这一章时我感觉比较愉快惬意。

的确，我在前面几章中过多强调了资优者遇到的困难，但这是不可避免的。如果我们的目标是为了改变人们对这些特殊人格的看法，并让人们承认接受资优者大脑运行方式的特殊性非常必要，那么首先就应该了解清楚他们到底是什么样的人，他们的与众不同表现在哪些方面。只有这样才能帮助他们更好地生活，更好地让他们适应社会。只有这样才能改变人们对资优者的错误看法。但是，鉴于我们之前已经谈了资优者人格中很多的脆弱点，我们现在可以了解一下那些一切都非常顺利的资优者的人生经历，并了解为什么某些资优者能够构建比较坚固并稳定的形象，为什么他们能够拥有顺利的人生。

当然，对于这些一切顺利的成年资优者，人们知之甚少。因为他们不接受心理咨询，他们对自己的生活感到满意，他们做什么都能轻易成功。我们现在了解比较多的是那些在自信的状态下成长的儿童，以及那些充满活力和热情的青少年。我向你们保证，这样的人真的存在，而且他们的人格真的讨人喜欢，并具有难以置信的生命力。对于他们而言，成功的人生唾手可得。经验表明，我们在他们的人生经历中发现了一些常见情况、一些重要的支柱性因素，对这些必须要有所了解。如此，对于父母而言，可以更好地陪伴自己的孩子，对于成年人而言，可以从中发现一些自己过去的痕迹。

可能成为幸福成年人的资优儿童的成长过程

我接下来要写的内容可能与事实不符，并且夸张、不太可能发生。只是一种假设，不是真的人生，不可能是，也不应该是这样的。永远不要期望自己成为完美的父母，这可能造成孩子的病态现象。但是，需要根据自己的真实情况以及我们认为怎样对孩子最好，竭尽我们的所能把事情做到最好。未来会出现一些错误、一些失败，这样很好。因为人格应该是在这样的状态下构建，而不是在一个不真实的、被过度保护的世界中构建。

通过这种想象出来的成长过程，我所希望的是得出一些重要的关键因素，得出这位小资优者为了变强，变得自信以独自面对竞争残酷的环境而需要的关键因素。你们将会看到，其实非常简单。其实就是一些常识加上对一些看上去无足轻重的因素加以关注。这些因素对资优者而言并非无足轻重。

为了理解资优者混乱的成长经历并找到一条畅通的道路而需要了解的数据表……

该表格只是为了分析一些趋势，因此并不全面，也不排除其他因素。该表格就像一个帮助记忆的物件，指出了一些对认识自我最常见、最不利的因素。该表格也指出了能够打开一些新视角的关键因素（参见255页至257页表格）。

无法回避的挑战：认识自我

一切都围绕自我形象展开。这是一个基本点，决定着其他所有的因素。这是最重要的信息。如果自我形象是正面的，那么一切皆有可能，如果自我形象被伤害，如果对自己失去信心，或者，更糟糕的是，如果出现自我认识紊乱，那么一切都变得更加艰难。

儿童时期可能出现的状况	对自我构建造成的影响	给成年阶段造成的影响	如何改变?	期待
－长期学业困难	－无能感 －害怕未来 －严重的自我认知障碍	－职业定向失败 －对生活不满意 －空虚感 －认为自己总是没有别人聪明	－重新驯化自己的思维和智力 －需要明白与众不同的智力可能让人认为是无能 －接受这种形式的智力是无与伦比的财富	－借助智力给予的潜力开始新的生活 －修改或重新给自己的职业选择方向 －应该因为自己聪明而高兴，并充分利用这点
反复的不理解（不理解他人以及无法被理解）	－持续的不协调感、差异感、奇怪感 －不断尝试希望被接受，但总是失败，使得资优者更加确认自己无法被接受 －深深的差异感，扰乱了	－无法适应社会 －心灰意冷，阻碍了生命冲动 －认为只能依靠自己 －无聊感，甚至感觉生活悲苦	－在这种差距中汲取别人无法触及的资源：距离使得资优者可以具有新的、有创造力的理解能力	－充实自己对世界的理解，并为自己、他人和环境从中得到各种益处 －也为自己的职业活动和家庭关系谋划 －与众不同，以不同的方式理解问题，以不同的方式感觉能够造就具有创造潜力和巨大影响的人格，充分利用这点
－身边人的过度期待	－为了掩盖自己的脆弱性以及担心自己无法像别人对自己的期待那样成功而过分放大自我 －面对一切智力任务时严重的焦虑 －自我构建的混乱	－假自性人格，追求强迫性的成功而筋疲力尽，或者焦虑抑制，阻碍自己前进	－重新思考自我形象的平衡：自己的优势以及局限，并接受它们	－找到自己的正确位置，了解自己人生中有哪些值得赏识，哪些想要改变。可以重新恢复生活的动力。人生经历再也不需要被迫成功（当然，这不会阻碍成功！）

（续表）

儿童时期可能出现的状况	对自我构建造成的影响	给成年阶段造成的影响	如何改变?	期待
－反复的不公平感	－对别人失去信任 －无法理解这个世界 －内心孤独	－对他人采取防御态度 －以自我为中心或过度的利他主义 －大脑运行僵化	－很难解决，因为不公平是现实。只能是接受这种现实，如果可能，就与之斗争	－希望向他人、向世界敞开心扉，希望能够与那些认为应该和不公正做斗争的人分享
－被社会排斥 （被他人排斥）	－身份认同过程中遇到困难：孤独一人自我构建，有一种无法理解的差异感 －害怕他人，害怕和别人在一起 －孤独感 －认为自己不会被爱	－与社会隔绝 －难以与他人建立关系 －害怕他人，甚至是极端的社会恐惧症	－学着重视自己，包括优势和局限，从而更好地感受与他人的关系 －试着与别人建立关系，从而意识到我们不仅能够处理好这种关系，还能够从中得到分享的快乐	－与别人真实的关系，这种关系摆脱了沉重的社会义务 －可以拥有真正的朋友，可以与之自由自在地分享
－敏感性被抑制 －被抑制的情绪	－为了不断尝试抑制自己的情绪而采取刻板的防御方式 －丢弃了自己的根本	－失去人格的活力 －冷漠、与他人产生距离、高傲甚至专横的性格 －过度理智化，分析一切，不再以真实、本能的方式感受事物	－重新找回自己的情感，将其融到自己的大脑运行方式中，不要害怕 －了解自己情感的丰富性，以及这些情感可以为我们的平衡和幸福带来的一切	－更加温顺、畅快、热情的人格 －为自己和他人服务的敏感性 －创造力、想象力，重新找回的移情能力，以及和身边人真诚、热烈的关系 －能够充实自己的爱情关系

（续表）

儿童时期可能出现的状况	对自我构建造成的影响	给成年阶段造成的影响	如何改变?	期待
-各种嘲笑、讽刺	-心灵和自我受伤害 -过度易怒可能削弱身份认同感 -对自我形象的痛苦攻击:内心感觉自己被排斥	-无法控制的挑衅性 -证明及自我证明的需求 -生活的能量	-区分自己解读的内容以及被说出来的内容。需要明白易怒的脾气会因为害怕不被爱而恶化。觉得自己好像经历过某件事，但事实上是未经历过	-能够考虑事物，能够接受他人和自己的局限性，从而加强自己的社会关系并充分肯定过去的时光 -取笑自己易怒的脾气会讨人喜欢
-借助自己的高智力不断进行分析	-害怕这种任何事物都无法逃脱的超亮生活 -害怕自己的理解力超过自己可以通过情感控制的水平 -害怕自己是唯一能够理解的人，且不知道该怎么办 -扰乱自我感知的痛苦	-人格的冷漠 -与他人的关系产生距离 -在与他人的关系中缺乏真诚性 -人格分裂	-重新与自己的情感建立联系，从而接近自我 -接受自己的情绪是一种思考的力量，而不仅仅是可能具有毁灭性的激流	-如果我们很好地利用了智力的两面，智力将会是幸福：认知面和情感面 -做一个聪明的人具有巨大的生活可能性以及快乐

1. 为了形成稳固的自我形象需要宽容的环境

在成长过程中，稳固的自我形象的形成以及自信的培养，必须以宽容的环境为前提条件，需要一种情感环境，能够理解并接受这种我们称之为“脆弱的力量”的人格的特殊性，需要在明白“重视、鼓励以及心理满足的重要性”的家庭环境中成长。年轻的资优者需要在自己所爱之人的眼中感觉到骄傲感，这种需求是他个人成长的养料。资优儿童需要经常接受“浇灌”，我说的是爱的浇灌，用使他放心的话语进行浇灌，因为他对于世界的敏锐性总是伴随着持续的、有时候甚至是痛苦的自我批评。资优者因为能够感知到自己的缺点和局限，因此无法感觉自己高人一等。从不如此。之所以他看上去傲慢、自负，是为了试图不让别人看到自己的脆弱。我们永远不要忘记这点。资优儿童的大脑运行首先靠的是心和情绪，然后才是自己的理性、智力、理性智力。我们可以、也必须通过情感帮助资优儿童，让他感觉到他能够和自己和谐相处。这是最重要的关键因素。

2. 情感稳定的重要性

资优儿童需要情感稳定。他会迅速为他人的烦恼、他人的创伤感到担忧。资优者认为自己应该承担责任并努力安抚身边人。资优者的家庭越稳定、越平衡，他的自恋发展和个人发展就越简单。这是经常观察到的现象：资优儿童会比他人更易因为情感环境的杂乱而痛苦，这是因为资优者具有强大的情绪易感性和过度的移情能力。一般而言，大家觉得是真实的东西对资优者而言则更加真实。

3. 真正得到理解

资优者希望别人能够理解他的真实样子，并希望大家接受他的特殊性。这需要积极的尝试、认真听、不断调整。这不是件简单的事，因为我们总是以本能的方式观察事物、理解事物。希望被他人接受需要努力。希望被他人接受意味着不能根据自己做出反应。被他人接受，就是允许他不一样。真的不一样。

4 .牵着孩子的手……

我们无法一个人长大。为了充分表达我们自己到底是什么样的人，为了感觉自己和他人一起生活，是他们的一分子，为了能够开辟一条欢乐的人生之路，我们一定需要别人，需要另一个人，需要一位向导。需要遇到一个能够在我们自己的道路上陪伴我们的人，一个试图真正理解我们的人，一个能够让我们的潜力现实化（不仅仅是智力），并让这种潜力变成生产力的人。但是，不能够“推”孩子，不能给他施加“压力”，如果这样，我们只能得到相反的效果！好一点将导致假自性，糟糕的话，会导致严重的心理障碍。我们会让这些孩子充满压力，让他们面临一定要取得成功的压力，因为这是大家的期待！我们需要做的是开辟一条孩子的道路，而不是（作为父母）通过自己孩子的成功获得自我安慰。在作为向导的路途中，我们还需要小心谨慎。如果我们对孩子说：我所做的一切都是为了你，这会让孩子产生一种负罪感，并让孩子产生一种必须让父母满意的责任，而冒着自己被排斥的风险。这完全与我们所期待的效果相反！

陪伴，就是牵着孩子的手，并把路指给他，而不是拉孩子或者推孩子，让他付出一切代价也要走这样的路。陪伴，是鼓励、重视、奖励孩子的每一次努力。尤其是安慰，经常需要安慰！甚至可能一直需要安慰！

神经系统科学证明了这点：当我们牵着某个痛苦的人的手时，他的下丘脑会释放一种荷尔蒙使他的负面情绪平静下来。在身体上感觉与别人连接在一起是一种能够调节效率的“药剂”！我们需要记住这点！

5. 交朋友：未来生活平衡的王牌

能够在儿童时期和青少年时期与他人建立真正的友谊关系，能够很好地预示成年阶段将会有良好的心理健康状态。[1]

---

1 帕斯卡 · 马莱（P. Mallet），《个体发育以及儿童和青少年之间关系的组织》（*On togenèse et organisation des relations entreenfants et adolescents*），勒内 · 笛卡尔大学，1998年。——作者注

也就是说，与他人的关系必须得到重视，并且需要通过所有可能的手段促进这种关系。我们的朋友越多，我们发展得就越好，我们也将更加沉着！

6. 完成学业没有太多的问题，而尽可能地获得满意和成功

资优者对自己的信心能够帮助他接受学校的规章制度，能够让他明白他可以借助学校为他自己的成功服务，能够让他接受他的智力在面对学校要求时并不总是最有效的。但资优者并不否定自己的智力，他不愿意“和大家像一个模子里刻出来的一样”。资优者以灵活并且“聪明”的方式在学校背景中调整自己的智力、敏感性和人格。他也明白如何运用自己的超凡魅力、自己的说服力以及活跃的思维让自己得到老师的赏识。如果老师比较随和，并且认为这个学生是个讨人喜欢、热情的人，那么一切都变得更加简单。如果，在此之外，我们的小资优者将自己无聊的时间用来积极参与课堂，这将会使得在学校的时光变得更加有活力，并得到老师的喜爱。任务基本就完成了。可能这就是所谓的操纵艺术。但这是一种好意的操纵，其目的是让双方互相满意，对自己有益处。成功的学校经历意味着可以将自己的人生规划（几乎）转换成现实。这是自我认识的保证，也是今后的人生有积极能量的保证。尤其是在青少年阶段，资优者充满好奇心，什么都想

做不再是使人无法行动的障碍，相反，这扩大了可能性场域，不再强迫资优者局限在狭窄的道路上。成功的愿望和快乐将一直是推动力。

7. 为创造力服务的敏感性，为他人服务的移情能力，为活着的感觉服务的情绪

如果年轻的资优者能够不抑制自己的敏感性、对于他人的易感性以及自己的情绪经历，他大脑运行方式的特殊性会让他成为极其讨人喜欢、具有魅力和热情，并得到赏识的人。当情绪自然地融到大脑运行方式中时，情绪会成为巨大人格力量的源泉，并让其人格大放异彩。资优者需要做的就是在不刁难自己情绪表达的环境中前进，这种环境不担心情绪泛滥，能将这种情绪反应性当作一种生命的力量，而不是一种无法忍受的缺点。和资优者这种情绪过度的人一起生活，对于其身边人而言是非常艰巨的考验。能够接受、接纳、安慰、安抚、鼓励而不立刻评价是未来、信心和生活平衡的重要保证。

总之，永远不能放弃的方向＝自我认识

在地平线上永远要保持的重要方向就是信心和自我形象。一旦我们怀疑，一旦我们不再知道如何陪伴小资优者，一旦我们质疑需要给出的最佳答案，就需要使用“圆规调节”（暗喻）

一些可能恢复、修复、促进、维持自我信心的因素。这是为了能够不出错并平静地将这个孩子带向人生平衡的唯一保证。这样当他成人时，才能与自己和谐相处，才能依靠自己稳固的人格面对自己的人生和各种不测风云。他将能够判断其中的快乐、局限，并在合适的情绪节奏上面对困难。面对生活的复杂，这是一位"全副武装"的成年人，而他的"武器"正是他自己……

行为准则＝能够以最贴近自己的方式成长

在一个帮助资优者、指引资优者根据世界的运行方式调节人格中的每个特点的环境中，他们既不需要冒着否定自己的风险去适应一切，也不需要把自我抑制当成唯一的选择。

重要的是好好活着，而不是苟延残喘。

必须记住的

资优者的人格是脆弱的力量。为了能够使生活幸福愉快、自我得到充分发展，这种人格有一些简单却无法回避的需求：需要理解，需要爱，需要关切，需要赏识。这种情感养料影响着正面自我形象以及稳固自我认识的构建。这是未来的保证。为了让这位小资优者能够成为幸福的成年人，这是所有陪伴他的人的永恒任务。如果说这对于所有儿童都的确如此，资优者身上的脆弱点尤其多，他们的创伤更频繁、更痛苦、更难以抚慰。我们是否可以将他们称为超级娇气者?

高智力和超强敏感性使得资优者成了一触即发的鸡尾酒（暗指和香槟一样，开瓶后会有嘭的一声），需要非常小心地对待!

尽自己所能让自己生活幸福愉快的成年资优者的生活经历

我们不能说：为了生活愉快，必须决定要生活愉快……然而，事实大抵如此!

即使我们的童年非常混乱，即使从童年走出来的我们感觉脆弱、受到伤害，即使我们感觉自己是一个人在迎接未来的挑战。即使我们对生活愉快不再抱有希望，并让自己接受这种状态并爱上这种状态……即使一切看上去都行不通……我们仍然要相信，并不是完全没有希望了，因为我们的大脑会来援救我们。

你们认为（因为心理学家一直这么重复）一个人无法“摆脱童年的阴影”或者“一切在六岁前都已经决定了”。你们相信这些了！然而，如今我们知道……这是错的!

有两个主要原因:

心理韧性。心理韧性指的是我们身上的一种力量，尽管人生浮沉，这种力量能够让我们调动资源面对生活中的艰难困苦或锻造出更加坚定的人格。我们都有这些韧性资源，必须相信这点以调动这些资源并加以利用。对于某些人而言，在面对危险时，这些资源会自动就位。在人生各种艰难的情境中，资优者能够自动调动这些资源。而对于其他人而言，韧性的激活相对困难一些，需要特别注意能够启动这种韧性的一切因素。在每个需要克服的痛苦事件中，需要找出得到保存的因素以及我们可以依赖的因素。需要将我们的目光从事物本身挪开一点。如果我们能做到，我们会在大脑中重新启动正面情绪回路。如果我们能够增加这些正面的经历，就可以拥有稳定的韧性机制。在大脑中，通向伤感区和愉快区的回路非常接近。目标在于能够改变情绪的方向使其改变路径。

大脑弹性。如今，我们已经证明，我们可以在任何年纪学习一切，那么我们也可以学习如何幸福。人生的创伤经常在大脑中印下回路，让我们总是以悲观的角度看待生活。鉴于大脑是懒惰的，在面对任何情境时，它总是直接借用这些回路。因此，消极性会影响我们看到的几乎一切事物。甚至在幸福的时刻，我们的大脑也会给我们传递害怕的信号：这持续不了多久……但是我们可以改变这些回路！我们不是大脑的受害者，我们可以重新掌握控制权！

得益于大脑弹性，在人生的所有阶段，一切都皆有可能。

尽管成年资优者的人生经历比较复杂，也能过上适合自己的生活，但他会凭直觉明白没有任何东西是不可逆转的，我们可以不断调整自己人生的过程。

如果大写的幸福不存在？追求微小幸福的艺术……

我们生活在一个有权利追求幸福的社会，我们有责任幸福。幸福成了一种义务。如果我们无法得到幸福，则是没有理由的，肯定是某个人的错：配偶的错，孩子的错，老板的错，身边人的错，政府的错……我们这个时代要求我们高声并强烈地争取这一权利和义务：一定要幸福！于是，我们就相信或假装相信这一预设的幸福：梦想中的房子、令人惊奇的旅行、让我们变得如此美丽且令人向往的产品、能够满足我们一切需求的商店、让我们变得迷人的品牌，等等。我还可以继续举例，但这不是我要说的主要内容。

以下是我希望和你们大家分享的观点：我们每一个人都有一种能力，能够感觉到什么可以给我们带来快乐，什么能够让我们与自己、与他人愉快地相处。不要再等待了，不要再继续寻找所谓的大写的幸福。人们总是在追求大写的幸福，有时终其一生。人们总是认为自己一定能幸福，当孩子成功时，当我们买了梦想中的房子时，当我们得到晋升时，当我们有足够多的钱可以做很多事情时，当我们被大家认识且得到大家认可时，当我们退休且有自己的时间时……但是我们却错过了我们的人生，我们不在节奏中，这是微小幸福可以触及的节奏，这些微小幸福能够让我们的人生变得熠熠生辉、多姿多彩、魅力无限、舒适安逸。当然，我并没有无视真正的痛苦，没有无视人生中真正的社会、文化、心理和事件的不幸与悲苦。我深深地同情并尊重那些受苦的人。但是我这里说的是其他人，是能够拥有普通幸福的普通人，但是他们却抱怨无法获得特别的幸福。这只是一个圈套。幸福就在那里，这个幸福就是特别的幸福！

追求微小幸福

思考一下：什么东西（哪怕是微小的）给你们带来深深的满足感或转瞬即逝的满足感。什么都可以。看看你们的周围，看看你们的生活：你们是否看到这些奇妙的小事物在闪耀，而长期的、具有传染性的不满足感试图阻止你们看到它们？你们是否看到这些你们在战胜自己、战胜困难之后获得的所有大大小小的成功？你们在内心最深处是否明白，对于自己实现的事物，对于自己拥有的事物，我们有多么骄傲，即使我们的社会不停向我们灌输我们可以做得更好。但要与什么相比？我们唯一的计量仪是我们自己。我们唯一需要的是能够让我们与内心的我们一致的东西。而我们是唯一能够了解这个内心自己的人。这个内心的自己属于我们自己，是我们最珍贵的财富。没有比这更珍贵的东西，更不用说在外部世界。让我们重新聚焦自己。这样更好，不是吗？

幸福就是得到更多的满足感，而不是失落感

当满足感在失落感持续的重压下逐渐消失时，我们会立即感觉到痛苦。重要的是需要知道，对于我们每个人而言，什么是满足，什么是失落。两者是不一样的。然而，两者又很相似：让我们幸福的是在“内心深处”感觉自己处于对的位置，感觉自己过着适合自己、与自己相似的生活。在这种情况下，我们没有在途中迷失方向，我们的路途不是没有出路，我们的道路并不是特别明亮，我们的路途没有让我们眼花缭乱且没有不让我们满意，我们没有在别人开辟而不是自己选择的道路上冒险。我们运用自己的资源、力量、局限性、脆弱和弱点，打造了一条道路，在这条路上，我们愉快地走着，我们遇到一些人或事让我们变得更加富有，我们实现了能够让我们快乐的事。这并不意味着我们不会遇到阻碍，并不意味着路途中没有危险。但是我们知道如何面对这些阻碍和危险，如何面对意料之外的事。有时会有悲伤、痛苦，甚至是生气或愤怒，但是我们

内心却非常坚定，把我们与这个世界紧紧绑在一起，使我们不会与我们的道路分开，使我们不会脱离我们的路线，我们的人生之路。

生活的平衡、天资聪颖和陪伴：幸福的艺术……

当我们是资优者时？

22岁的维尔日勒，为了让生活能够幸福愉快而一直在抗争，却让自己筋疲力尽："如果我能时不时地幸福，那么我就能忍受其他的一切。"

"我在一本书上看到说，绝顶聪明的人缺乏得到幸福的能力。事实的确如此，但是我想说的是，一个人无法处处都很优秀。如果我们好好想一想，如果我的一生都注定要不幸福，那么早熟有什么用呢？"[1]

是时候"聪明地"运用我们所有的战争武器了：从最小的智力原子，到最小的敏感粒子，用自己的大脑和心去理解事物，就像狼孩毛克利（Mowgly）在《丛林奇谈》[2]中唱道的：

---

1 托尼诺·贝纳奎斯塔（Tonino Benaquista），《一切为了自我》（*Tout à l'Ego*），Gallimard出版社，1999年。——作者注

2 《丛林奇谈》由英国作家拉迪亚特·吉卜林（Rudyard Kipling）所著，又译《丛林故事》。狼孩毛克利是其中一位主人公。——译者注

“只需要很少的东西就可以幸福，真的只需要很少的东西，我们要满足于必需品……”

那么，身体和心理对环境如此敏感的人们可以用自己的洞察力敏锐地、有效地调节自己，把“以自己为中心”作为永恒的核心目标。

心理咨询纪要：

46岁的资优者阿兰来进行心理咨询。我们谈到了幸福。我提到一个观点，为了幸福，重要的是获得更多的满足感，而不是考验。需要一种生活的平衡。他打断了我，若有所思地说：“您忘记了一个重要的概念，如果我们不付出，我们怎么能幸福。对于我而言，给予是我幸福的组成部分。只是获得，是远远不够的！给予是更加超验的，即使得到是很重要的。但这远远不够。”

为了给予而给予

恩佐今年20岁。他说：“对于我而言，人生中重要的是为他人做点事，而不是为我自己。”他非常悲伤，他难以接受很少有人同意这种利他主义的事实。

对于资优者而言，给予可以有各种形式。他的快乐在于相信自己可以为别人做好事，他可以帮助别人过得更好。我们可以在人生各个阶段，在任何情况下发现资优者的身影：在儿童阶段，他把自己的糖果和玩具给那些家庭比较困难的伙伴；在青少年时期，他善于倾听，把时间用于解决朋友关系问题，或者自发成为那些不敢相互靠近的人的中间人，他愿意贡献自己的全部力量，为了实现人类的伟大梦想，或勾勒雄心勃勃的规划，希望与不公正做斗争；为自己的配偶付出，努力理解对方、帮助对方；为自己的孩子付出，对于孩子他愿意给予一切……为了给予而给予，给予是资优者爱的方式，给予是资优者在人世间活着的意义。

自然倾向的反面

我们也会遇到一些特别自私的资优者（大人或孩子），他们以自我为中心，从来不愿意放弃自己的东西，也不愿意与他人分享自己拥有的东西。他们这种人格让他们不太讨人喜欢。他们这种不慷慨的性格导致他们被排斥。然而，虽然他们变得如此自私，这却不是他们所愿，也不是他们的本性。在儿童时期，他们因为害怕而将自己封闭起来，因为害怕自己无法控制的情感入侵而不愿意分享。或者，他们在生活中，时刻感觉到自己的领地被侵犯。他们需要表达无法表达的事物，他们需要解释连他们自己都无法理解的事物，他们需要以某种方式表达自己的情感，而情绪对他们而言是折磨人的……如此，他们被评价、不被理解、心理上被虐待，这些当然非他们所愿，但是却足以让他们形成这种封闭、易怒的人格，对他们而言，给予成了一种威胁。

重新找到自己的根本……

如果在人生历程中，这些“具有天分的失望者”能够遇见一位足以让他们安心的人，能够让他们了解他们自己的内心，他们能够重新学会这种给予价值观，并从他们内心的监牢中走出来。一股新的生命气息和自由气息将会引领他们走向充满希望的人生。

从7岁到77岁……

关于成年资优者的未来，我们知道些什么呢?

几乎一切，但好像又什么都不了解：在成长过程中清楚地了解自己特点并得到陪伴的资优者；在儿童时期就被诊断为资优者并被虐待的资优者；因为自己的孩子被诊断为资优者而发现自己也是资优者的资优者；自己清楚自己是资优者的资优者；从职业角度、社会角度、情感角度而言获得成功的资优者；以及感觉自己错过自己人生的资优者……

一个很著名的例子，白蚁。这和白蚁这种生物一点关系也没有！这是美国心理学家刘易斯 · 特尔曼（Lewis Terman）最著名的研究的名字，这是一项针对几百名资优者（从儿童到老年）的研究。特尔曼研究中的大部分儿童是由老师选出的好学生，这其实可以看出选择试验对象的误差：这些儿童已经找到了好的适应策略……实际上，当他们成年时，他们的职业地位相对较高，他们也有平衡的家庭生活。我们赞同一句谚语：与其贫穷、患病、愚蠢，还不如富有、聪明、健康……这种观点有点过于简单！

在法国，一项观察得到了同样的结果，虽然这项观察涉及的抽样数量比较少。[1]这项研究对资优退休者的“生活满意度”进行调查。他们比普通人对生活要满意得多！

另外一项法国人做的研究，研究对象的数量更大，确认了拥有成功的老年与较高的认知功能和较高的生活满意度之间的关联。这已经算是取得胜利了，资优者可能会成为幸福的“老年人”。

我说的是可能成为，因为我们只能通过整个人生经历才能看清这些结果。我们也可以认为，一个人越年老就越能够“把各种可能发生的情况考虑进去”，并使这些情况获得真正重要的价值。最后，我们会意识到只有这些重要的价值才是唯一有效的，人生中的各种不如意不值得我们浪费人生。这难道不是我们所谓的智慧吗？

---

1 安尼克 · 贝苏（Annick Bessou），《65岁及以上的28名资优者的生活满意度》(*Sutisfaction de vie de 28 Surdoués Parvenus à ans et plus*)，《医学快报》（*La Presse médicale*），Masson出版社，2003年5月10日，第32册，第16期，721—768页。——作者注

第十章

如何才能一切顺利？

Comment faire pour aller bien?

这一章的目的在于向你们展示如何改变及使用资优者痛苦的大脑运行方式，并将其转化成可以释放的生命的能量。

描述一种人格的运行方式只有在我们能够对新的途径进行思考，能够回答以下问题时才有意义：怎么做才能让一切顺利？知道怎么做当然很重要，但如果不是为了改善自己的生活，是否还有别的目的呢？有时是为了重新赋予生活以意义，在充分了解自我后，知道我们将去何方。

我将以任意的方式将成年资优者的大脑运行方式分成若干主要方面。你们应该很清楚为什么以任意的方式。因为一切都是相关联的：智力永远不能与敏感性相分离。创造力是智力、敏锐性和情感接受性的直接混合产物。移情只有在超级情感性和对他人意识的范围内才具有意义，智力将超级情感性和对他人的意识转换成洞察力。

重新振作的能力与堕落的能力一样重要

伊莎贝尔的儿子被诊断为资优者，一段时间之后，她自己也做了心理检查，也得到同样的诊断结果。以下是她来信的选摘：

“现在我知道‘过度脆弱’会导致什么样的小毛病。但是人的本性是天生的，一旦我们找到解决办法，一旦我们的思想重新运行，我们也可以很快重新振作。”

我们知道资优者能够在一瞬间转笑为哭，从绝对的心醉神迷到深深的悲痛。其思维的树状结构能够突然且没有先兆地改变其心情。如果说悲观的想法能够引发心理折磨以及让人无法忍受的生活慌乱，资优者的思维方式也可以释放出正能量以及重新振作的能力，也就是心理韧性。

如今，每个人都知道心理韧性就是面对生活复杂性的能力，就是面对复杂的生活能够自我调整，找到建设性的解决办法的能力。心理韧性是非常关键的心理学概念。

资优者是非常极端的人，在他身上拥有真正的“战争资源”，可以迎接这个世界的挑战，可以激活他的心理韧性。资优者的资源是巨大的，但是经常被其容易放弃的性格，被其各种各样的忧伤感、失落感和罪恶感所掩埋，让他自己忘记了自己的战争资源。但是，这些战争资源虽然被掩埋，即使资优者没有意识到自己的资源，这些资源仍然永远属于他。

为了让这些战争资源大放异彩，必须揭去其堆积的厚厚外壳，从而避免这些内心资源产生负面影响。有时，当我们遇到这些成年人时，他们丝毫不知道自己身上有这些资源存在。他们觉得自己有一种奇怪的感觉，而现在他们将这种感觉用正常的面罩伪装起来。他们需要付出相当大的努力才能平息内心的折磨，这些内心的折磨经常给他们带来困难和痛苦，以至于他们不再敢认为这些资源可以通过另一种方式照亮自己的人生。

资优者的娱乐设施——“过山车”

你们是否还记得过山车的感觉。上升的时候，你们感觉无法自制，感觉激动万分，上升的感觉是令人极度兴奋的，但是你们也知道最高点快到了，害怕的感觉在折磨着你们。突然，是令人头晕目眩的下降，好像将你们吸入无底的深渊，一切都猛然冲下，无论从心理角度还是从身体角度。你们产生一种死亡将近的感觉。身体的感知是如此强烈，随之而来的是倒栽筋斗，头朝下，你们失去一切事物的感知，失去世界的次序。你们不知道自己身处何处，你们也不知道自己能不能活着走出这一冒险活动。然后，新的上升又重新开始，你们又重拾信心，一切又变得可能……

资优者的人生有点像这样：由无限希望、转瞬即逝的失望、极大的喜悦、痛苦、一连串令人陶醉的感觉以及矛盾的情绪组成。资优者的人生极少是线性的。在这样的人生中，他们迅速丢弃一个目标，又迅速找到一个新的目标，强烈的情绪（好的或坏的）总是存在，他们总是害怕，无论是沉还是浮。

如果我们能安静地乘坐旋转木马，且只有一个目标，即胜过别人，这种感觉让人安心。就像生活一样：对于某些人，当人们问他们生活中是否有什么新鲜事，他们回答说“一切顺利”[1]；当人们问他们工作如何时，他们回答说“挺好的”[2]。胜过别人，是资优者非常想取得的成功。幻想免费转一圈人生？或许这才是推动世界前进的力量……

旋转木马的魔法消失的那天，灯光熄灭的那天

艾丽斯今年55岁，媒体报道了她的生活，她成了名人，经常被人们认出来。但是她和丈夫的关系却摇摆不定。25年来，她和丈夫吵架、打架，在他们的关系中，他们一起构建了一切，同时摧毁了一切。太多的较量，太多的激情，太多的仇恨，太多的爱情。两人关系的破裂是注定的，两人最终分手。他喜欢偶遇，总是寄希望于能够“吸引他”的新的暧昧关系。而她也不断尝试风

1 原文 ça roule，本意是“滚动得挺好”。——译者注
2 原文 ça tourne，本意是“转动得挺好”。——译者注

流韵事，但总是无法“成功”。她继续自己的人生旋涡：旅行、规划、职业成就、不断尝试各种露水姻缘，等等。和她丈夫一起时，生活有各种问题，没有丈夫时，生活根本无法继续。她经常说，就好像和自己的情绪失去了联系。她说，她用自己的大脑感知，而不再用心去感受。比如，她的孙女拥入她的怀抱，她很高兴，但是却无法在内心深处感到快乐。情绪反应为零。在她看来，一切都是一样的，好像任何东西都不再重要，都失去了意义，就好像生活一下子变成了黑白二色。于是，艾丽斯强迫自己“假装”，假装高兴，假装充满热情，假装自己很快乐。即使跟现在的情人在一起时，虽然她很迷恋他，和他在一起时，虽然也有快乐的时光，但是，她坦言道:“有时候，我在强迫我自己。真的，虽然我感觉很好，他也很棒，我们在一起嬉笑打闹，我们什么都谈，但是，实际上，我感到厌烦。这是一种无法忍受的感觉，我真的受不了了。”筋疲力尽的她，已经用尽资源，无法继续她所谓的“喜剧”，在这样的生活里，她迷失了方向，她想自杀。但是当我们重谈这些时，她反复说她其实并不想死。她只是不想继续这么活下去，不想继续过这种平淡无奇的日子，因为她无法激动。她强调说“这样的生活有什么意义呢”。不，这不是简单的抑郁量表，她已经根据这一量表接受治疗若干月，却没有明显的效果。不，对于艾丽斯这样的患者，我们不能进行常规治疗。她会观察你们，捕捉到你们的细小反应。她非常害怕你们无法真正理解她，害怕你们会给出“愚蠢的”评语，使一切变得混乱，害怕你们仅仅是专业人士，而不是能够帮助她的“超人”……实际上，她超强的敏锐性要求时刻的治疗警觉。艾丽斯如此具有洞察力，怎么改变她的世界观？她感觉自己生活在反差中，那么如何帮助她找回生活的平衡？怎么能够让她与自己的情绪重新建立联系，而正是因为这些情绪，她才经历痛苦？对于治疗师而言，困难的是不能半途而废，他很难不突然说一些平庸的话或试图让患者相信不可能的事变得可以实现。而对于艾丽斯而言，要“追回”丈夫是不可能的，因为他是她所构建的一切的核心。对于她或对于整个家庭都是如此。这既不是嫉妒，也不是傲慢或自尊心，可能甚至都不是爱。而是一种深深的责任感，让他们的关系不可毁灭，变得永恒，或者是一种无限的依恋感，让分手变得不可想象，这些在成年资优者身上经常发现。不是她不愿意以另一种方式继续生活，而是她无法这么做。艾丽斯天生如此。她强调说“这就是不可能”。此外，她那资优者的大脑运行方式让她丝毫得不到安宁：她时刻都在对环境、对他人、对不同的情境进行分析；她的情绪经历也丝毫不能平静。如果不能与自己的情绪一起生活，那就意味着绝对无法生活下去。

关键是要让艾丽斯意识到自己人格的曲折，并让她发现自己身上隐藏着的所有资源，并帮助她使用这些资源，将这些资源当作生命的力量，而不是一种伤害自己的自食其果的行为。

此外，虽然艾丽斯美丽、富有、聪明，但她一直在抱怨。谁能理解这种不太真实的事？

一名成年资优者说:“在第一堂哲学课上，我们的老师让我们填写《普鲁斯特问卷》，并将之奉为神圣。其中有一个问题是:‘你最希望得到哪一种天性?’我的回答是:‘愚蠢。’老师告诉我说，这样的答案有点太自命不凡。的确如此。这个笨蛋应该首先弄清楚在这之后隐藏着多大的痛苦，而我只能通过风趣的玩笑或挑衅来表达这种痛苦。我想对那些愿意倾听我的人说：当人们说‘幸福的傻子’时，绝不是毫无价值的，事实上，只有那些有点笨的人才能幸福。”

作为资源的智力

重要的是应该驯服这种高智力，让别人看见它，并恰如其分地发挥这种智力的价值，但不能因此让别人不堪重负，也不能因此低估别人。我把这种智力称为欢乐善意智力。

这实际上是关键因素。如何驯服这种“高智力”或更精确地说这种“奇怪的智力”，它以一种特别不同的方式、极其放大的方式、无处不在地让我们看待人生。

作为自我认识载体的智力

智力可以让我们进行自我批评，这并不是仅仅具有消极的方面。如果我们很聪明，我们能够意识到自己愚蠢的时刻！可以意识到自己应对事物的方式不妥当、不恰当。此时，我们可以友善地嘲笑自己，并做出改正。这是自己手中的大王牌：对自己以及自己行为的意识能够让我们意识到自己是谁、自己的所作所为和自己所说的话。

当其他人的大脑运行方式无法保持一定的距离时，资优者可以透视自己。这种景深的效果能够产生无数的资源，需要充分利用。应该运用这种自我批评和自我透视的能力，让自己进步、成长、展现自己，而不能因为这种消极的内省而感到痛苦。要保持清醒的头脑：你们对自己的怀疑使你们的感知变了形，让你们心中对自己的形象自动地蒙上负面的色彩。这不是你们的真实状况。当我们想到自己的时候，我们也可以选择正面！

斩断这些遮盖了大森林的荆棘。在这片森林里，你们可以无忧无虑地探险，让所有的美好展现，为了你们自己，也为了他人。不要让这些负面的观点掩盖了所有财富。这些财富一直都在，它们属于你们，好好利用它们。

智力，这种形式的智力，真的可以让你们充分认识人生，并将之把握在自己手中。你们自我批评的能力可以让你们将这种智力当作一种优点，只要它被正确使用并合理疏导，可以绘制出正面的自我形象，并且对自己是什么样的人和自己可以完成的事感到骄傲。

智力以及通过自己的思维开小差

人们通常认为这是一种缺点。人们总是会指责儿童甚至成年人开小差。我们可以理解这种大脑运行方式在某些情境中可能的确让人恼火或扰乱别人，但这却是一种可以充分运用自己思维资源的有效方式。如果你们处于某一困难时刻，你们感觉不好，你们在身体或精神方面感受到痛苦，你们可以通过思维脱离这种情境，你们可以在思维中徜徉。记忆产生的丰富想象、各种感官能力的加强、联想的能力可以为你们打造足够强烈的梦想，能够让你们暂时脱身并“再获新生”。这是一种有意识的行为，将自己的思维当作为自己服务的工具而使用。这是一种有效的方法，能够让自己不陷入具体、沉闷和无法忍受的事物中。身体还在那里，但是精神早已脱离，我们整个存在（身体和心理）开始旅行。这是真正的快乐。对于所有感官而言，这是通过各种感官的真正享受。这充满着能量。

这次旅行是否能够成功，并从中得到所有的益处有一个前提条件：自己需要控制这次旅行。这应该是一次有组织的旅行！

智力以及记忆力：回忆起美好的事物……

资优者令人惊奇的记忆力，尤其是与个人回忆有关的记忆，可以成为取之不尽的宝库。

这种记忆被称为插曲式记忆，因为它记录下的是我们人生的各个阶段。资优者的记忆力可以清晰地、精确地存下大量的细节。在这些细节中包括一个或若干个图像资源。我一直坚持这个观点，并且在心理治疗过程中经常使用。在你们的记忆中寻觅，让那些早已尘封的回忆重新浮现在脑海中，当然，我说的是那些愉快的回忆。你们将会看到，将会找到你们的图像资源。只要脑海中浮现一个图像资源就能立刻让你们感受到惬意的感觉。你们在脑海中激活它，你们感觉非常放松，感觉非常好。

原则是在记忆中（包括或者尤其是感官记忆中）重新激活你当时面对的或身处其中的场景，你需要把当时的印象重新激活：你们的大脑感知到并存储下来的声音、颜色、气味、气温、结构、光线与黑暗以及最微小的细节等。

在自己身上找到可以让你们即使在困难时刻也能感到平静的图像资源

莱奥是一名35岁的成年资优者。在心理咨询过程中，当我提到图像资源这个原则时，他非常激动："我经常这么做啊！当我小的时候，我们每年夏天都要去乡下的房子度假。我经常骑自行车，总会路过一片长满黄色和白色野花的田野。这片田野让我魂牵梦绕。对于我而言，这是幸福的图像。因此，当我做噩梦的时候，在黑暗的房间里，我脑中就浮现这一图像，我立刻就会感觉好多了。我尤其喜欢温柔地吹拂着花花草草的微风，我觉得这可以驱赶走所有伤感的想法。甚至现在，当我压力很大时，我还会使用这一回忆。我想象这一图像，就好像在我眼前一样，我立刻就有一种平静的感觉。这让我重新充满力量。这简直不可思议！”

以上是记忆力“治疗”用途的有力证明。很多资优者可能像莱奥一样已经本能地知道如何使用图像资源。记忆力越强大（资优者属于这种情况），回忆就越具有联想感觉，就越能够增强图像资源引起回忆的力量，并带来更多益处。

如何使用图像资源?

我们可以把图像资源的使用原则比作一旦我们需要改变思维时，我们投射到自己心理屏幕上的幻灯片。此外，人们现在已经知道，在我们的大脑里，将情绪运载到积极区域或负面区域的回路非常接近，我们可以迅速从一个回路到另一个回路，比如从笑到哭。这些关于情绪神经生理学的新知识解释了图像资源的动员作用，能够将我们的思想运载到热情和喜悦的区域，总体情绪状态也自发地发生改变。

记忆力也可以发展出一些从未有过的能力

不寻常的视觉记忆

我们在进行心理检查。我要求八岁的托马斯做心算题。他的目光一动不动，好像在看着我的背后（我面对他坐着）。在计算过程中，托马斯想象出他在我背后看到的物体，并将它们固定在短时记忆中。然后，他在脑中操纵这些物体并得出了正确的答案。

过度使用的长时记忆

在最新的科学实验中，我们发现年轻的成年人使用长时记忆来迅速解决一些复杂的心算问题。他们没有激活一些必要的运算，而是在长时记忆中寻找他们以前计算的结果，并且数据与目前要解决的问题的数据相近。他们在自己的心理屏幕上显现这些答案。

这是令人惊讶的程序，与经常使用的方式完全不同，却很好地反映了资优者视觉记忆的能力。这种能力已经得到神经系统科学的确认。

这种强大记忆形式的优势

这种记忆形式有什么意义呢？这是一种类似摄影的记忆

力，能够原封不动地存储下完整的场景（真实的或抽象的）并且不遗漏任何细节。只要有一点提示，完整的图像立即在记忆中浮现，并可以重新被使用。即使在那些认为自己的智力能力被抑制的成年人身上，这种记忆力也一直存在。

‖ 如何使用这种超级记忆力?

为了重新激活这种超级记忆力，请睁开眼睛，看，然后闭上眼睛，描述出你们的脑子中看到的东西。然后呢？你们认为所有人都是一样的？测试并且比较一下。你们会发现你们记录下了非常多的细节，而这些细节却未被你们的挑战者察觉！练习很简单，也让人鼓舞，实际上，你们可以增加练习的难度，你们可以发现自己超强的记忆力，这让你们获得巨大的喜悦。而我也相信，你们将懂得如何在生活中有效地运用这一超强记忆力！

与自己的智力做游戏，就像“小小化学家”的游戏

智力会剖析并且完全理解我们观察到的以及思考事物的最小成分。于是，我们可以仔细分析直至最小单位，即使在一段时间之后，我们又有了新的假设。我们可以试图完成一个难度较大的拼图游戏，然后我们将拼图游戏的所有部件聚集在一起：如何完成一个新的图形？当我们有了所有的部件后，我们可以

“开始拼图”。一个想法、一种思维也是相同的道理：我们将其发挥到极致，我们尽量夸张，写出最大数量的文字，然后我们加快速度，之后我们把文章缩短。实际上，我们做了一连串的动作：开始的时候，我们放慢思维、节奏。我们最大限度地扩展每一个想法、每一个提议。然后，我们加快节奏、加快处理集中信息的速度。大脑重新进入活动亢奋状态，我们希望最大限度地加快大脑运行速度。然后，我们缩短，并重写故事：保留下最重要的部分，丢弃次要部分、多余部分、无用的部分，并强调看上去重要的、正面的、有建设性的、能让人安心的内容。我们与大脑“做游戏”，我们让它做各种练习，并运用所有的能力：速度、精确性和分析。

思维游戏，能够深化想法并挖掘出最细微的成分。

能够发明新的理论和新的思维系统的强大灵感来源。

操纵自己的思维从而在自我中心探险。

和正在接受治疗的斯特万一起，我们开始了一项雄心勃勃的计划：弄清楚组成人格核心的最小特征。在两次心理咨询之间，斯特万快速阅读了当代所有对这一心理哲学主题有思考的大思想家的理论。他每周读好几本作品。当然，斯特万这么做，是因为对他而言，这是自己在人生前进过程中需要走的第一步。为了开始自己的人生计划，他希望首先能够理解自己和他人。这对于斯特万而言，是不可避免的个人方法。我就这样陪伴着他进行深入思考，心理咨询成了催化剂。我们一起创建了一个系统，构成了斯特万治疗的核心。他绘制了自己的模式：一小块“土地”，由小木桩围绕，以确定其边线。每个小木桩象征着自己的一部分。这些小木桩的设置也可以随着人生而继续。斯特万的系统说明了身份的概念：我们的身份领地总体上保持不变，其中最主要的部分不能缩小，但同时我们的身份领地又会根据个人经历和个人发展而不断扩大并发生改变。斯特万希望就此得出一个理论可以用来更好地理解人类，并帮助那些出现问题的人。为什么不呢？确定的是这一治疗案例精确地表现了智力可以被用来构建和自我重新构建人生的方式。

智力和树状结构：不计其数的想法……

是的，关于树状结构，我们之前已经谈了很多，思维的树状结构可能使思绪混乱，尤其当人们必须组织自己的思维时。但是，在其他背景下，学会利用这种树状结构的思维可能引发不计其数的想法。

想法脚本[1]（Script-Mind）：把自己的想法一个一个地记录下来

方法：我们从一个想法出发，不管是哪一个。一个新的想

1 我个人引进并命名的智力方法。——作者注

法突然出现，我们把它记录下来。我们记录下一切，严格记录下一切，甚至是看上去没有意义或无关紧要的内容。我们用很多白纸记录下树状结构中突然出现的想法。每张白纸记录某个主题，因为出现的想法是没有逻辑、没有顺序的，我们必须把这些想法一个一个地记录下来，并将他们分门别类，再集中到每张纸上。我们什么时候想停就停下。最后，我们获得一定数量的纸张，对于被记录下的内容，我们会感到惊讶。

通常而言，树状结构的激活速度非常快，以至于很多想法、观念联合、各种思维刚被激活就立刻消失。将它们记录下来能够让我们意识到这些内容，并关注那些我们感兴趣的内容。这也可以让我们了解我们的“大脑中”到底有什么。这是用来认识自我的新型工具。

这种方法可以疏通，也可以让我们不忘记。资优者害怕忘记。他们害怕失去自己的想法，但是他们却经常丢失自己的想法！在谈话过程中，他们需要迅速发言，否则可能看着自己的想法离自己而去，这让他们气愤不已。思维速度太快，以至于在几毫秒内，想法就已经从一个变成了另一个。害怕遗忘让某些人试图紧紧抓住自己的思维，认真关注自己脑中发生的一切，造成可能与环境脱离的风险。

18岁的艾蒂安说：“我小的时候，还不能理解所有事，但是我试图理解一切，然后我意识到最恐怖的事情就是遗忘。总是需要重建一切。没有任何东西是永恒的。”现在的艾蒂安时刻关注自己，以记住自己所有的想法以及所有对世界的理解。因此，他与社会隔离。

“想法脚本”的方法可以让人们避免遗忘。通过梳理人的思维，这种方法可以获得新的内部空间，在这里可以安置新的思维、新的思维快乐和新的思维经历。

想法脚本是资优者树状思维的最佳盟友之一。

广角镜头下的智力：多用途优势!

在个人生活或职业领域中，这种特殊的智力，可以在思考某个问题的同时激活各种表象，也因此大大地增强了理解和分析能力。每个问题都可以在若干角度下进行分析。任何角度都不能被忽视。一切都将被研究。

最终造就了罕见的、透彻的鉴定能力，杰出的思考能力，清晰、有远见的洞察力。应该最大限度地使用这种巨大的优势!

在思维中心旅行

这种旅行就像一次漫不经心的随风散步，沿着自己的思维之路随意地散步。就像我们读一本字典时，我们从一个词跳到另一个词，从一个想法到另一个想法，从一个词源到另一个词源……联系就这样建立起来。从先验的角度而言，这些联系本来并不应该存在。这是一场在思维中的旅行，在这里，时空的障碍都消失不见，逻辑和理性的障碍也都消失不见。不需要自我限制，也不需要给自己强加一些束缚。尽情享受散步带来的快乐。忘记害怕和怀疑，以及自我批评：这样做没有意义！可能不是这样。肯定不是这样。即使原本的确如此，为什么不呢！

作为才能的过分敏感

情绪是智力思维的重要组成部分！能够精确地发现自己的情绪和他人的情绪是一种才能。

资优者尤其具有这方面的天分：他们捕捉各种情绪，甚至是最细微的情绪。他们能够预感到这些情绪。他们能够试着疏通这些情绪，控制这些情绪。如此，这些情绪的捕捉者可能变成盟友。当我们感觉到还没有表达出来的情绪时，当我们猜测出某个情境的情绪因素时，我们可以使用这些感知来度过艰难的时刻或帮助他人度过艰难的时刻。

路易告诉我说恐怖片从来无法让他真正感到害怕。为什么？因为他已经分析了害怕的生理学机制。当他看这类电影时，他已经明白，为了预感可预见的害怕，只需要提前加快自己的心跳。如此，通过让自己的身体处于突然的害怕可能造成的身体状态中，他在恐怖场景出现之前就已经实现同步（当然，这是因为他已经分析了剧本使用的手法)。他的身体和思想已经准备好面对这些恐怖的场景，并且已经减弱了强烈的情绪……

能够通过所有感官敏锐地感知情绪也可以让人们更好地理解自己。所有的情绪都与生理表现有关。情绪会发出一些我们能或不能发现和解读的征兆。凭借这种第六感，资优者能够在事情发生之前就知道这件事包含的情绪负荷。

他可以借助这种第六感进行自我调节(就像路易和恐怖电影的例子)，从而更好地应对各种情境，也不让自己变得筋疲力尽。

他可以为他自己或为自己身边的人预感并预防一些危险。

他可以避免冲突的发生，比如当他发现两个人之间存在不快，并且争执即将爆发时。他可以分散他们的注意力，说一些话使当事人平息下来，从而避免即将发生的冲突。当儿童感觉到父母之间关系紧张时，他们经常会这么做……

为生活快乐服务的所有感官

感觉过敏能够大大增加可能性

同时启动所有感官以及它们杰出的区分能力可以让资优者杰出地出现在世界面前。感觉过敏能够增强所有的感知。在别人只看到平庸的地方，感觉过敏能够创造美。它可以通过所有感官获得的情绪强度照亮世界。感觉过敏可以被用来捕捉环境并使其更加美丽。运用自己的所有感官来拥抱这个世界。

能够感知一切可能是极大的快乐，并且是人生不可思议的时光的源泉。只要你们愿意，好好利用这种能力，让你们“再获新生”。这种能力就在你们自己身上，充分发挥这种能力让自己好好感受生活。

诗性和审美

对美的感知、对“真”的敏感、对能够让人感动的事物的敏感，是审美的真谛。这与品位无关，而与敏感有关。审美能够让我们与世界亲密接触。审美是一门与形式感知（取格式塔的意思）有关的哲学学科，换言之，所有被感知的东西。审美感是能够通过所有感官以及微妙的敏感捕捉到事物精华的能力。审美能够同时抓住隐藏的事物和可见的事物，内部事物和外部事物，并且能够以惊人的深度拥抱这个世界。审美是理解人生的另一种敏感且真实的方式。

诗学不仅仅是写诗的艺术。诗性人格是一种忘记自我而赞颂大自然或他人之美的能力。诗性能够创建与环境的亲密联系。诗性就是能够完全沉浸到环境中，并得出其本质或身份。诗性是通过敏感毛细现象与世界相通。

诗性和审美是紧密相连的。诗性和审美来源于过分敏感并从中激发出各种可能性。它们经常被掩埋，但是一旦得到充分表达，就能让围绕着我们的世界变得充满活力，并让我们与这个世界和谐地产生共鸣。这是通向生活之美的大门。

作为未来目标的创造性

创造性经常与唯一的艺术表达混淆。实际上，创造性包含更加广泛的领域。

创造性是能够发现新的想法，是能够借助各种材料（这些材料将生产出真正的美）进行创作的能力，是敢于冒风险远离已经有标识的道路，是探索未知的领域、未知的世界、未知的人和地点，且毫不害怕并充满好奇心，确信自己能够在自己身上发现适应未知情境的方法，并从中得到快乐。

创造性和对世界强烈的感知：有利的组合

创造性源自于资优者特有的“不会挑选”的能力。这是科学家所谓的潜在性抑制缺陷。也就是说资优者的大脑会捕捉一切，包括最无聊的事物，这让资优者对环境有非常细致的认识，并增强其感知。资优者的大脑不会一下子排除某些因素，而这是人们因为条件反射通常会做的，也就是说人们懂得区分重要的和不太重要的事物。资优者的超级感知能力让大门敞开，自信地、快乐地让自己被所有这些细小的事物侵占，而这些细小的事物，一旦被集合在一起，能够形成别具一格的想法或独特的作品。不仅仅是艺术上的想法或作品。一个作品可以具有千张面孔。时刻保持“通电状态”，不要害怕，想法会涌现而出。这会令人兴高采烈，这也会成为一条能够实现自我的极佳道路。但是，这需要你们明白，你们不会因为感觉到自己感觉到的事物而面临风险：这是一种强烈的、展开的、没有限制的感知。一切（真的是一切）都将进入你们的大脑，并编织出令人无法想象的联系，让你们的创造力迸发。

永远不要忘记：感知的大门开得越大，你们的创造力也就越大。好好利用！

创造性让可能性大门保持敞开

潜在性抑制缺陷让所有既未经挑选也没有预先划分等级的信息“进入”到思维中，对于创造性而言，是一种优点。各种可能性都可能发生。思维本能地将在大脑中出现的最小事物与所有感官联系在一起，不断生成新的想法。没有什么能够阻止这一过程。这也是唯一需要挑选的时候：在所有这些想法中，找出可能有意义并给我们重新定向或将我们引向新的计划的想法，找出那些可能让我们产生新想法的想法，而这新的想法将通过新的途径重新启动机器，产生新的组合……

想象以下场景：如果我将我的大脑调成打开模式，一切事物都能进入，我的大脑将最小的谷粒磨碎。我的大脑成了“想法盒”。但我也可以选择关闭模式，就好像我关闭了一个计算机程序，我只让一个文件夹保持打开状态。我还可以选择让自己处于休眠状态。

我们没有束缚，根据我们自己的意愿和现实的限制，我们自己决定打开大脑或使其处于休眠状态的事件和背景。我们可以决定有选择，决定在自己不知情的情况下不被世界上的所有信息不断地侵占。

发散思维：当突然想出办法时！

树状结构改变了思维的航道，并创造出无数条支流，将思维引向各自的水流中。河道网就这样不断展开。当然，在很多情况下，这种形式的思维远离了起初的指令，逐渐晕头转向，迫使考虑不同的假设，导致了不间断的联想，可能会带来严重后果。从无法用法语组织写作的小学生到面对论文不知所措的大学生，从淹没在含糊解释中的演讲人到迷失在报告总结中的专业人士。

只有能够让各种想法以偶然的方式展开并相遇的发散思维

才是对创造性或独特的想法有利的发散思维。当我们以分析和线性模式思考时，换言之，当我们从一个假设或一个基本数据出发并通过逻辑步骤思考时，我们能够得到一个结果，但很少能够得到一个新的想法！这是与发散思维相对的聚合思维，这种思维过程使智力朝着确定的目标汇合。树状结构则会突然通向意料之外的想法交汇点，而在思维的序列结构中，这些想法永远都不会相遇。

发散思维是你们的创造性宝库。记住这点。

发散思维、创造性和节奏：先驱者的王牌

在分析和理解事物的过程中处于超前状态、位于思维常规途径的上游、预计某情境或某行为的结果，使得我们可以在别人之前到达终点。如果具有发散思维带来的创造性以及资优者特有的无所不能的感觉，那么就具备了成为某个领域内的先驱者所需要的全部因素。无论这个领域是什么。当然，作为一名先驱者需要能量，从而能够逆流而上，让别人接受自己对事物的看法。需要超凡魅力、才能、人格和认为自己能够承受所有批评的信心。如果一切正常，资优者的人格具有所有这些优点。这是绝不能掩盖的方面，因为虽然很多人有想法，但是很少有人能够让别人接受自己的想法，并承担自己的想法。要记住这一点！

直觉，可以与专家系统相比的能力

专家系统相当于对某情境的分析，该分析考虑了大量数据和经历，从而几乎详尽无遗地对所给问题进行处理。这也是某个确定领域内某个专家的任务，他具备所要求的能力和经验，能够发表意见或做出决定。对于资优者而言，联想、理解和分析的速度由若干不同原因导致，该速度之快甚至超过了人的意识，带来了结果的创造性直觉。该直觉是复杂过程的结果。这不是无中生有的神奇的思维方式。我们必须，我们也可以相信它。通过这一过程（直觉）得到的问题的答案与专家系统的答案一致，外加能力和创造性！

危险：证明其合理性。答复："这很明显"或者"我确定就应该这么做"，但这样的答复很难让人信服。就像数学家亨利·庞加莱（Henri Poincaré）所说："我们通过逻辑而证明，我们通过直觉来发现。"换言之，必须用逻辑来证明你的想法有效，即使用来论证的逻辑不是用来创造的逻辑！一个小把戏通常足以让人信服，因为不管怎样，你们自己都不知道你们如何理解，为什么理解了，或者你们都不知道自己知道，既然如此，那么如何解释啊！

因此要有创造性，但这次是为了给出说得过去的、可以让人接受的解释。这真的行得通，并且足以让人满意。

作为能力的移情

移情是能够感觉到别人情绪的能力，虽然这种能力有时候让人痛苦，但却通向很多大的、美好的可能性。

首先是与他人的关系。捕捉到对方的情绪状态能够让双方和谐相处。我们可以评估自己所说的话、自己的出现、自己的行为所带来的影响，并进行自我调节。当我们不具备这种移情能力时，我们经常会“失误”，我们只能理解某个情境的表面，我们无法明白任何细微的内容。移情人格是人们愿意信赖的人格，是当我们只说了半句话对方就能够明白我们的人格，能够以同一节奏摆动的人格。

“当别人跟我讲话时，我总是觉得自己无法真正理解对方所说的话。我必须不断问我自己：我是否回答了对方的话或者我是否回答了我感觉到的？”桑德拉清楚地反映了移情在交流中产生的影响，包括其陷阱和优势……

具有移情能力的人就是讨人喜欢的人

多少资优者是被选定的知己？有多少人来向资优者寻求帮助、协助、建议而解决生活中的各种小麻烦？“朋友间的小和解”经常落在资优者的身上。我们可以依靠他。因此，你们可以依靠这种情绪能力，你们的自然移情能力，让别人喜欢你们，让别人赏识你们。

移情是一种值得羡慕的适应能力

移情能力是一种有利条件，可以让自己在很多生活情境中进行自我调节，可以让自己预测最合适的回答方式。在职场中，你们会本能地明白今天不适合要求涨工资，你们能感受到老板的怒气或悲伤；在一次谈判中，你们懂得根据对方的情绪调整自己的言辞；在商业关系中，你们懂得如何捕捉到顾客的情绪变化，让你们选择具有说服力的论据进行应对……在夫妻关系中，移情是回应对方的期待、满足对方需求的最佳盟友。即使什么都没有说。移情造就了这一无声的默契，是和谐关系的纽带。

移情能力，心理学家的优点?

爱丽丝·米勒（Alice Miller）在她的著作《天才儿童的悲剧》（*L'Avenir du drame de l'enfant davé*）中谈到，天才儿童经常是自己父母的治疗师。他们必须解读并理解父母的需求，从而通过自己的行为满足他们的需求。通过弥补自己父母的情感缺失，天才儿童成了能够解读他人情感的专家，他对此很感兴趣，因为这对他而言一直是一种“存在的方式”。于是，当他成人后，他就成了心理师！这是爱丽丝·米勒的观点。

能够用这样的移情能力理解并分析世界的意义以及人类的大脑运行方式难道不是一名理想的心理师应该具备的吗？在我身边，我认识很多肯定是资优者的心理师，但是他们通常都不愿意承认自己是资优者，好像身为资优者会让他们失去职业和个人价值。

在我的临床实践中，我经常遇到一些希望从事心理师职业的资优青少年，其中有一些已经开始从事这份工作。我答应他们在他们完成学业后与他们合作。我会信守诺言！他们将成为杰出的心理师……可能我还会请求成为他们的患者！真的！我真的相信他们的能力，相信他们能够倾听，相信他们的移情能力，以及有创造性的概括能力，能够让我开启新的领域，我从未发掘的领域！

情绪的同步：与他人的节奏保持一致

移情能力提供了这样难得的机会：与他人的节奏保持一致，确切而言，是情绪的节奏。敏锐且敏感地感受到他人的情绪能够让我们在合适的时候做出反应或互动。移情并不只捕捉负面情绪，它也能捕捉到情绪中的所有愉快的因素。你们能够在空气中感受到活泼的轻快？在你们周围，快乐在飘扬，情绪是快乐的吗？补充你们的储备，捕获这些正面的情绪。在困难时刻，它们会有很大的用处。它们会补充你们的储备、你们的资源。你们需要一直不断地储备……还记得“蝉和蚂蚁”的故事吗？

大部分人在分享音乐时光或舞蹈时光时，会感受到情绪的节奏。我们感觉是按照同一节奏在摇摆，被周围的情绪影响，感受到他人的感觉。我们被影响，变得十分激动。这是神奇的时刻，平衡的移情能够增加这样的时刻，这些时刻能给我们带来力量，让我们感觉特好。

将你们生活的梦想转化成(或几乎转化成)梦想中的生活的几个小贴士

在不协调中获得新的能力

无聊感让我们前进，让我们创造，让我们找到新的想法。当我们明白这种无聊感与节奏相关时，当我们明白生活并不无聊时，当我们明白人生是我们构建的人生时，无聊感就成了动力。

你们感到无聊？好极了！

1. 你们的大脑在幻想，在联想，在创造。

2. 你们可以借助思维的这种“飘荡”实现自己的梦想。

无聊感能够让我们充分发挥想象，并决定什么样的人生能够让我们感到惬意。

挑战感：推动自己的力量

挑战感就是当我们战胜某个困难时感受到的喜悦感。挑战感与想要成功的欲望有关，与内心需要为自己感到骄傲有关，与需要为自己真实的样子感到骄傲的需求有关，与需要在别人的眼神中感觉到自豪的需求有关。这绝不是自负或傲慢，而是迫切需要前进、超越自我的需求。挑战感是一种强大的动力。

如果资优者的人生经历能够让他有机会感受到这种成功的喜悦（无论成功是大还是小），如果生活提供了实现自我的可能性，如果我们可以对自己有充足的自信，如果我们在充满善意的环境中长大，那么不管有何不可避免的障碍，资优者的挑战感都能够促使他做成大事。无论是为他自己，还是为别人。心中充满这种维护大事业的渴望，资优者不断前进，好像有不可抗拒的能量在推动着他。

挑战感能够让资优者克服与自己的存在困难有关的困难。

挑战感能够赋予资优者特殊的能量，让他能够成功完成所做的事。

挑战感：成功，从而实现终极自我。

资优者的能量：超自然力量?

资优者能够表现出的能量是巨大的，对他人而言却是令人疲惫的。所有人都累了？资优者还在继续。别人都认为斗争是不可能的，他独自面对。某个情境好像没有解决办法，他却能找到应对方法。总是这样。就像小孩子一样，资优者好像永远不知疲倦，他永远都不累。资优者身上好像拥有巨大的能量储备。有时候，资优者极其专注于自己的任务，全神贯注，以至于他忘记了一切：时间、周围的迫切需要、他人、约束，包括基本生理需求，例如吃、喝、睡觉等。一旦资优者沉浸到自己的任务中，任何事情都无法让他停止。

我们要小心：这种几乎是超自然的能量可能会以惊人的方式变成相反面。如果成年资优者坚信自己十分愚蠢、无能，如果他坚信自己做的事一无是处，如果他坚信自己永远无法成功，这就是这种能量的相反面。他一动不动、面无表情、无精打采、对事无动于衷，“好像死了一样”。他感觉如此沉重，任何事都无法让他动起来。注意：这还是那种能量，它在与资优者对抗。

颠倒运动方向。你们反方向全速重新出发，你们会发现自己意想不到的能量，这种能量与让你们动弹不得的能量具有相同的力量。你们是否还记得过山车的例子：在令人焦虑的、深渊般的下降之后，是加速的、令人兴奋的上升！一个倒栽筋斗，又出发了！

理想主义：正面的痛苦！

追逐理想可能是痛苦的事，令人失望的原因数不胜数。我们可以不害怕这种痛苦，而是好好运用这种痛苦。理想主义是一种力量。理想主义要求我们坚持不懈完成既定的目标。理想主义提出一个目标，推动我们前进。

理想主义能够促进我们实现自我。

理想主义能够让我们超越自我，成功实现大的计划。

当我们放弃这场令人疲惫的战斗时……

为了自己的心理生存，为了疏通自己的情绪，为了适应他人和世界，为了抑制自己的思维……资优者一直处于战斗状态。

战斗束缚我们，毒害我们。如果我们一直处于一种惊慌和高压状态，大脑会持续释放一种压力荷尔蒙：皮质醇，它会使我们的心理和机体变得筋疲力尽。皮质醇过多可能导致各种严重疾病或病痛的出现，包括心理和生理的疾病。

因此需要改变这样的斗争：

不要再纠结关于事物意义的问题，跨越这令人不安的“屏障”。

避免因为顺从外界而感觉在背叛自己。

不要总是感觉自己在生活“之外”，在他人“之外”。

与他人在一起时，要感觉愉快，并且尊重他们与自己的不同，但不要忘却自己的身份，愿意感受到他们的情绪，但不要介入。

适应与我们理想中的样子完全不同的生活，但要做出自己的选择。

解读

- 我们可以思考自己的人生，并看到其中所有的局限和不完美之处，但也要发现其中的有利因素、资源、优势和快乐。

- 要对自己说：我是有意识地、经过深思熟虑后选择了这样的生活。我们要从无能为力的受害者转变成自己命运的舵手。这会改变一切。

- 愿意选择、重新选择自己的人生，就是同意完满地活着，尽管有各种不足。这是一种自由。我们所有人都可以拥有这种自由！

当我们停止与生活斗争并勇敢面对生活时，我们可以获得能量构建、建造、创造、前进……

希 望

当一切变得或重新变得可能，当我们重新相信生活，当我们在自己身上重新发现能够让自己充满热情的儿童的一面，当我们最终成为自己命运的主人，我们心中便充满希望。这不是一种权力欲或控制欲，而是在发现充满希望、新的挑战、新的相遇、新的路途的未知世界时感受到的巨大喜悦。

不要忘记，在萨王纳稀树草原上，很少有能够捕食斑马的物种。它们经常会害怕，但是很少被袭击。相对于其他动物而言，它们身上的条纹具有独特的优势。这些条纹的结构赋予了它们其他野生动物不具备的优势。

你们也一样，你们“也有条纹”吗？那么，加油吧，冲啊！

概述：让一切顺利的关键因素

1. 重新驯服自己强大的智力，开始新的计划，调整自己的人生，重新找到学习和理解的快乐。智力是一种自己必须占有的内在优点

（QI[1]？），它能让你为自己感到骄傲。

2. 将过分敏感当作一种独特的、令人欢欣鼓舞的、神奇的在世方式。过分敏感是才能的源泉。

3. 创造性是先驱者、革新者、领导的能力。资优者的创造性在自己树状结构的思维中汲取源泉，并在此不断获得养分。

4. 移情是能够感知他人情绪的能力，使得自己与他人的交流和关系拥有特殊的景深。移情是一种向世界和他人敞开的罕见的情绪维度。

5. 不协调必须成为特别的时机，能够让自己保持有利的距离进行观察、分析和理解。超越那些明显的事，超越那些表面状况。不协调提供了前所未有的视角能够让自己适应这个世界，并找到自己合适的位置。

6. 作为资优者，就是要学会每天去发掘自己身上无数的宝贵财富！

1 此处的 QI 是法语 qualité intime（内在优点）的缩写，作者在这里玩了一个文字游戏，因为 QI 也是 quotient intellectuel（智商）的缩写。——译者注

第十一章

当一切都行不通时

Quand rien ne va plus

本章内容是我们谈论的内容中最阴郁沉重的一面，即自我的缺陷，可能会将资优者引入脆弱恶性循环，其结果只可能是巨大的痛苦。这种痛苦具有不同的病理形式。为了更好地了解可能发生的情况，谈及阴郁沉重的一面是必不可少的过程，尤其为了更好地了解我们必须避免的情况。像往常一样，原则是：发现机制从而能够预防问题。

资优者人格的发展有其特殊的人格因素，包括智力和情感两个方面。如果我们接受将资优定义为分析并掌握世界所有成分的智力加上能够捕捉最小情绪信号的极端敏感性，那么就可以很容易地理解资优者寻求身份认同的过程是脆弱的，他们也难以找到生活的平衡。面对生活的复杂性，忧虑折磨着资优者，我是否有能力面对？

基础薄弱的自我形象

从童年到青少年，资优者自我形象的构建都需要面对“差异”。分成两种情况，形式上不同，但结果相似。

第一种情景：资优儿童感觉到自己的差异，但是不明白自己为什么无法像其他人一样存在、思考、理解、感觉。他经常努力尝试，希望自己能够和他人一样，适应他人，不断调节自己。但是这需要付出很大的努力。资优儿童的适应过程不是自然的、出于本能的、一目了然的。与其说他在生活，不如说他在看着自己生活。有时这种适应过程行得通，他能够融入他人，与他人一起长大，尽管存在持久的、他自己也不理解的差距，但是有时候这会遭遇失败，孤独感油然而生。他越努力希望自己能和别人一样被接受，这种孤独感就越严重。他不再知道自己到底是谁。他在以下两种状态中摇摆不定：其一，自己完全负面的形象（我没有任何价值、我不值得被爱、我永远做不成任何事）；其二，坚信自己错过了什么，但是到底错过了什么呢？这种心理上的不适，通常是痛苦，扰乱了自我分析并扰乱了“感觉充满活力”、感觉生活愉快的可能性。

第二种情景：年轻的资优者没有感觉到自己的差异。他觉得自己是个孩子或青少年，和别人一样。他没有意识到自己思维和敏感性的特殊性。他认为所有人的大脑运行方式都和自己一样。因此，他感觉到自己生活中的某些反应、某些行为、某些片段是具有挑衅性的、不公平的、很伤人的。他越想赋予自己认为具有敌对性的经历以意义或要求解释，他就越会面临更多的不理解——自己的和他人的。他会不知所措，不明白发生了什么以及为什么会发生，却无法告诉别人自己心中隐藏的不安，他感觉不知所措，并再次质疑自己：如果所有人都认为我这个人无法让别人满意，这就说明我没什么价值。在这种情况下，如何构建稳固的自我形象呢?

到了成年阶段，围绕自我形象的紊乱就无法稳定下来。自我身份的模糊性经常让年轻的资优者通过“反复试验方法”做出选择。当我们不太清楚自己到底是什么样的人，我们有能力做什么，我们擅长什么的时候；当我们无法真正明白自己到底喜欢什么，什么能够让我们开心时；当我们非常害怕、深深地害怕因为自己、他人、生活而感到失望时，我们就无法规划，也无法预计自己的人生。我们不断摸索、不断尝试、不断犯错，又重新开始。有时候，我们成功找到了“正确的位置”，即使我们还会质疑它。资优者无法抑制这种持续的分析，怀疑总是存在。而这会导致长期、持久的不满意以及不稳定的生活。更换合作者、工作，设计新的计划方案，改变生活的方向，这些是这位不断在寻找绝对和真理的资优者人生经历中常见的状况。资优者终其一生都在寻找自己的身份。

从童年到成年阶段，
自我形象紊乱窥伺着资优者的发展与经历

从构建稳固、稳定的自我形象（这能让我们安静地成长）过程中的脆弱，到对自己缺乏信心（这将导致扩散性焦虑），我们最终可能面对自我认识的痛苦攻击，这真的会导致个人价值感的丢失。抑郁情感以及真正的抑郁（比较极端的病理状态）将导致生活的绝境，资优者有时候会陷入这种生活绝境。

这些不同阶段有一些常见的因素。这些因素可能会腐蚀资优者的身份基础，并导致更加严重的紊乱风险。

这些常见的因素是什么？

来自外部和内心的攻击。感觉自己被他人攻击，并且自己不断批评自己。

差距，就像一种奇怪感。

感官的超级易感性，如同情绪像针一样不断在扎我们，或像严重的创伤。

高智力，不断散发出内心的怀疑、疑问和不确定。

资优者的大脑运行方式是他自己最大的敌人！

为了成长而自我保护，为了生活而自我防御

在寻求身份认同的过程中，资优者会采用一些保护机制，使自己免受泛滥的情绪的伤害，这些情绪来源于两方面：高智力和强烈敏感性。

在心理学上，这些保护机制被称作防御机制。它们的目标是什么？保持自我的完整性并减少痛苦。如果这些机制比较灵活，它们能够有效地确保自己的保护功能。它们是我们每个人的盟友。但是，这些机制通常会变得僵化，因为情绪负荷过重，痛苦的威胁太大。此时，这些机制就可能转化成陷阱：人格会围绕这些支柱而被构建。这些机制则从保护者变成了破坏者。

资优者的防御机制

这些是需要知道、了解、接受的机制。这些机制借助自己的特征标记了资优者心理病理调整状况。必须将资优者心理病理调整状况看作特殊临床症状的标记。

让我们大致看一看资优者防御机制的情况，包括这些机制的布置、功能和局限。

1. 首要目标：不要再被情绪的纷乱、对于他人的易感性、对世界持续的分析侵占。

2. 期待的结果：让自己感觉一切顺利。

3. 防御策略：保持情绪距离。

4. 方法：

控制和操纵

为了让自己安心，为了试着让一直处于运行状态的思维停止工作，为了防止情绪占支配地位，为了不再受到怀疑和害怕的侵扰，资优者力图控制一切，操纵一切。资优者大部分的能量都用于该任务（而有时候资优者无法应对该任务），尤其是不要让情绪泛滥，要提前预测，不能有任何松懈。这些控制机制可能有不同形式：无止境的讨论、拒绝接受某命令或指令（但并不删改其意义）、为了避免一切盲目行为而不断核查、寻求极端的精确性、强迫性行为、时刻质疑一切，等等。这样的例子不胜枚举。

通过认知进行防御

32岁的瓦朗坦清楚地向我解释："我的智力弄乱了我的情绪释放出来的一切。"

通过滥用的智力化过程略过存在的最小情绪，冷漠地并且在保持一定距离的状态下分析最细微的情感表达，这是资优者使用和滥用的稳固且僵化的机制。

情感麻木

当这一防御机制到达顶点时，情况是非常惊人的。尼古拉说道：“因为不断抑制我的情绪，现在我已经不知道哪些情绪适合哪种情境了。我也不知道如何用词汇、手势、态度来表达这些情绪。这简直就是在要弄我，因为对于发生的事我既感到奇怪，也感到陌生。和我女朋友在一起时，情况就更糟糕了。于是，我观察别人是怎么做的，并模仿他们的情绪反应。这是我找到的唯一解决办法。我曾是非常敏感的人，而如今却什么都感觉不到。我不知道该怎么回到过去。”

幽默

嘲讽生活中的事物，以有趣的方式观察各种情境，将伤害人的话用风趣的话说出来，资优者能够巧妙地运用所有这些幽默的技巧。幽默的优势是什么？可以巧妙地对那些情绪（通过正确且被接受的认知形式进行传播的情绪）进行操纵，可以巧妙地保持一定距离，将情绪威胁转化成人格优势。干得漂亮！但是有两个前提条件：首先，要有分寸地使用幽默。过度使用幽默将使得双方关系不再真实，原本具有诱人魅力的幽默也会因此变成关系的毒药。其次，只能在一个方向使用幽默，因为作为幽默专家的资优者无法接受自己成为开玩笑的对象，好像他会突然不理解幽默何在。他的反应也会非常强烈，出乎人的意料。这种强烈的反应掩盖了资优者感受到的情绪释放的强度。要特别小心！

5. 风险：

造成人格分裂

会使得资优者不再与自己的情绪保持连接状态，只有理性智力处于活动状态，这可能导致人格的冷漠，难以感受，难以体会情绪。代价是需要巨大的能量汲取心理资源。这是针对自己的斗争，针对内心自我的斗争。资优者努力在自己和世界之间建造的堤坝，为了不再受到情绪的影响而打造的保护壳，以及表露出来的冷漠都要求资优者不断地保持警惕状态，这让他疲惫不堪。如果该机制在强烈情绪的重压下无法承受其超重的负荷，资优者将面对沮丧和绝望，没有任何自我保护的可能性。面对痛苦他赤手空拳，而痛苦也会将他淹没。

可能导致资优者出现更严重的心理障碍，并将给他原本就充满荆棘的人生造成更大的障碍。

是否存在资优者特有的病理？

我们不能这么认为。首先，我们需要重复的是，资优并不是一种病理。资优者的痛苦，虽然也可能具有传统的心理障碍形式，却不能以相同的方式对待。它们之间存在差异：差别并不在于障碍的形式，而在于内容。

有一些痛苦以特有的方式在成年资优者身上体现出来。

尽管这些临床特征没有被列入国际心理障碍分类中，它们出现的频率，以及这些临床特征总是以同样的特点出现，这必须为临床医生所知晓。

淹没在无止境疑问中的人生的意义：生活的痛苦

生活的痛苦

活着的愿望并未改变，这和自杀状态完全不同，但是生活的艰难让人无法承受。一位42岁的患者说道："这太难了。"每天早上，她都要问自己，她如何才能克服这一天。她说："在刚开始的五分钟，我想自杀，因为我同时想到了很多事情，这太恐怖了！"

并不是因为她没有勇气——没有勇气是抑郁状态经常出现的状况，医学上称之为无情感或意志缺乏——而是因为需要调动很大能量才能够做到：

1. 自我保护；

2. 发现事物的意义；

3. 不觉得一切都没有用；

4. 赋予自己的人生以意义；

5. 成功欺骗他人，这是无法承受的、极其痛苦的考验。

在一次治疗过程中，我们决定玩一次角色游戏。九岁的纳丹扮演心理师。他问我：“你生活的热情是什么？”他这么小就已经在思考这样的问题！

这说明这个关于人生、关于人生的意义、关于事物的意义以及活着的意义的问题一直在资优者的大脑里存在，并时刻在折磨着他。有时，当生活变得非常刺激，当资优者被卷入让他满意且让他平静的旋涡中时，这个问题就会被淡忘，并从他的大脑中离开。但是，一旦生活变得平淡、乏味，一旦某种失望或失败阻碍了生活历程，这个问题又会卷土重来，无情地挡在资优者和世界中间。它变得无法回避，并且让人无法承受。

困难之处在于：如何帮助资优者？实际上，一切理性化的尝试，一切用来开启新的思考方式及人生方式的策略，一切用来缓解痛苦的方法都会遭遇以下这个问题，这个问题将带来严重后果并被资优者反复思索：像这样，如何过这样的生活？

社会抑制：退隐避世

“我把自己封闭在车间里，这不是偶然的事，我是为了保护自己不受世界的伤害。”多米尼克成了挂毯工人。她之所以做出这样的决定，是因为有一天，她再一次感觉到自己被他人攻击。因此，她原本就有的差距感、陌生感、差异感最终让她确信她会一直被排斥，她和别人在一起时不会感觉愉快，这需要她付出太多的努力。

社会抑制总是以一种或严重或没那么严重的方式窥伺着资优者。对于某些资优者，人们认为他们是“未驯化的”“不善社交的”，但他们至少还在某个社会组织中存在。而对于其他资优者，退隐避世让他们彻底与这个世界分隔开。孤独的他们与外界只保持着维持生命所必需的联系，有时候还保持着工作联系，他们可能陷入长期严重的抑郁状态之中（这种状态的预后更加严重）。他们为自己打造了非常坚固的保护壳。因此，很难接触他们，也很难帮助他们。他们非常害怕这个世界，害怕这个世界的危险！从他们的“隐退之处”走出来，有什么意义吗？为了更加痛苦？不必了，谢谢。

让自己迷恋上某事，让自己不再思考

从毒品到酒精，从电子游戏到工作，从电视到网络……所有这些都可能上瘾。

八岁半的拉斐尔说：“我们唯一无法停止的生命力，就是思考。”

当我们无法继续忍受思考时，当纷乱的思绪让人无法忍受时，当我们感觉到自己的大脑快要爆炸时，当我们感觉到所有这些想法和这些思维运载着无止境的疑问、难以理解的伤感、能够完全耗尽思维的迟钝时，停止让人无法忍受的大脑活动成了唯一的生死攸关的办法！但是迷恋上某事也具有潜在危险性：可能在一段时间内具有一定的使人平静的作用，但这样的行为最终也会让人苦恼……我有时会安慰一些因为他们的孩子整天盯着屏幕看而感到焦虑的父母，我解释道，在一天的学校生活后，能够躲避到一个自己是英雄的世界中，这对他而言是一种放松的方式。重新找回一种无所不能的感觉能够使人放松。从某种程度上而言，这是一种防治忧郁的办法，青少年会本能地用来平息自己的焦虑。适度使用这种方法，是有效的。但是过度使用，就成了一个陷阱。你们是否知道工作也是如此，也有同样的风险？把生活的绝大多数时间用来工作是一种抵抗忧虑的方法。那么风险呢？当我们停止工作时，焦虑又会突然重新出现。

睡眠障碍

睡眠障碍指的是，在睡觉的时候，很难停止思考，很难减少思考的强度。睡眠的问题是常见现象。我们会发现相反的症状，即作为思维强有力镇静剂的嗜睡：我睡得越多，我思考得越少。

作为适应策略的智力抑制

“成为真正的笨蛋，是治疗我这种病的良方。我需要一次彻底的治疗：成为笨蛋，这将是针对我的智力的化学疗法。我会毫不犹豫地冒这个风险。如果在六个月之后，您发现作为笨蛋的我高兴得有点过了头，请您介入。我的目标不是成为笨蛋和贪婪的人，而是让其分子在我的机体中流动，为了净化我那过于痛苦的思想。但是在六个月到来之前，请不要介入。……这也是风险。因为愚蠢带来的快乐比在智力的枷锁下生活带来的快乐多很多。在愚蠢的状态下，人们会更加幸福，这是肯定的。我不会留下愚蠢感，而会留下那些有益处的因素，作为身体的微量元素：幸福、一定的距离感、能够不再因为我的移情能力而忍受痛苦的能力、生活的轻快、思想的轻盈。无忧无虑！……最后，通过成为愚蠢的人，我可以通过特别的方式，证明我惊人的智力。您觉得我有点阴险吗？”[1]

为了继续活下去而自我抑制……

抑制是一种强有力的策略，其效果有时候是不可逆转的。当我们运用巨大的能力来抑制，甚至摧毁自我时，结果可能超

1 马丁 · 佩吉（Martin Page），《我是如何变笨的》（*Comment je suis devenu stupide*），Le Dilettante出版社，2000年。——作者注

过原始目标。原本可能希望减缓痛苦，但是结果却是自我的损耗，造成真正的内心空虚。造成一些熄灭的人格，迷失在没有意义的人生中，经常也会出现与社会隔离的现象。“变愚蠢”的目标使得这些人面对自己时也变得无动于衷，在他人眼中也成了透明人。

无明显原因的多变心情

25岁的劳拉说：“我感觉自己的心情会突然变化：突然一下子我会变得特别开心，不一会儿之后，我又非常悲伤。”

因为树状结构联系的激活速度很快，资优者的一连串思想以非常迅速的节奏将正面的、负面的、使人抑郁的、让人高兴的表象、思维、情绪和回忆全部激活。这种性情的善变可能会与抑郁或双极紊乱的传统临床症状相混淆，但这只是一种不停地运载全部情绪的认知运行方式。

对于资优者而言，这种经历有时候会很痛苦，因为他也不知道自己心情迅速变化的原因。他既不知道自己为什么悲伤，也不知道自己为什么高兴。从某种程度上而言，他也是支配自己、让自己不知所措的大脑运行方式的无能为力的受害者。他无法真正了解自己，这也可能成为焦虑和不安的真正源泉。这也导致无法对他进行传统的理解和治疗。

危险：诊断错误

资优者痛苦的表达，有时候从形式上看，与一些传统的病理比较接近，可能会导致一些诊断错误。不太了解资优者这种特殊人格的专业人士可能对患者采用不适宜的治疗方法，并且可能永远无法真正解决问题。

最常见的诊断偏差

发散思维、迅速的联想能力、不受树状结构速度控制的逻辑关系……可能被诊断为精神分裂症。情绪的冷漠和情绪距离可能加强这一诊断假设的可能性。

心情的多变，与极度悲观时刻形成对比的幸福时刻，情绪激昂，如此多的症状可能让人想起双极紊乱的症状（以前被称为躁狂抑郁精神病）。

敏感性、强烈的情绪易感性、衰退的时刻、变幻不定的社会适应性，如此多的症状可能得出边缘性人格疾患或情绪不稳定人格障碍的诊断。

抑郁、焦虑症、恐惧症……这些病症的区别很明显，但不包括它们的特殊组织形式。小心……资优者（非他所愿）成了这些诊断错误的受害者，他非常希望为自己的痛苦找到解决办法，于是开始了漫长的求医问诊历程，看完一个心理师再咨询另一个心理师，从一种诊断到另一种诊断……刚开始时，他还会相信，但是逐渐地，他便跟不上速度。然后，新的陷阱很快关闭：现在他不再相信任何人，更不用提那些假装理解他、假装能够治疗他的人。一次次的诊断错误让他得不到自己寻求的帮助，只能大声叫喊，却不知道如何寻求帮助。他对于他自己而言也是一个谜……

治疗的陷阱

“您肯定觉得这很愚蠢，但是当我咨询一位心理师时，我很快就确定他无法理解我，他抓不住我的问题、我的困难的本质。而我却知道，比他知道得清楚。有时，我甚至感觉必须由我为他指出正确的道路，由我来帮他来帮助我。但是，归根到底，我觉得任何人都无法帮助我。只有我自己才能做点什么。”这是一位38岁患者的肺腑之言，她说这些时有点害羞，有点谦卑。她有两个孩子，也是资优者，她被他们弄得精疲力竭。

在对资优者进行治疗的过程中，经常会遇到以下这种矛盾情况：资优者非常需要找到一个能理解自己的人，找到一个能够让自己感觉自己被这个人控制的人，资优者需要控制，需要操纵，不给他人留有余地。

小心时下流行的“放手”观念

这一观念与资优者的大脑运行方式不适合。这是一种常见的危险，目前却有很多心理学流派鼓吹这一观念。这种观念大致指的是：让内心的压力让步，从而与自己重新建立联系，让自己内心充满平静，这是治愈的关键因素。但是，对于资优者而言，恰恰是在这些“放手”的时刻，思维得以展现，因为它们有了空间，如果资优者让自己的思维停下来一会儿，焦虑就会油然而生。

为了平息其思维，最好的办法是建议资优者远离他的日常事务，完全投到别的事中，让这些事完全吸引他。他越远离自己的日常生活和惯常的生活方式，就越好。重要的是能够完全专心于这些消遣活动。这对思维而言是一种“净化”过程!

重述要点

- 资优是人格的组成部分，不是一种病理。
- 资优赋予痛苦的表达以特殊的方式，需要充分认识并认真思考，从而能够通过合适的治疗方法有效地帮助并陪伴资优者。
- 忽视资优者人格的心理动态结构的特点，就得冒错误诊断的风险，这将让资优者陷入无法摆脱的痛苦中，并出现生活的偏差。
- 对资优者进行的治疗包含一些必须了解并知道如何使用的治疗手段。尤其是，我们可以依赖完好无损的但却受抑制的自我认知。思考是痛苦的来源，但是我们可以帮助资优者重新驯服自己的思维，让这种思维成为重新认识自我的盟友。就好像在修复一座古老的建筑物：一切都出现了裂缝，屋顶也坍塌了，但是地基还在，我们可以依靠地基，加固地基，重建一个稳固的能够起保护作用的基础。建筑物的大门敞开，让他人进来，让生活进来，不要害怕被攻击。这不再是一座为了抵抗想象中敌人的攻击而建造的房子，而是一座为了能够和他人愉快相处的房子。这完全不是一回事。

已经得到为数不少的最新研究证明的高智力的优势。为了鼓舞士气！

剑桥大学宣布：聪明的人患精神疾病的可能性较小。

较高的智商可以降低某些心理问题的严重程度，比如抑郁症和精神分裂症。

研究人员证明，拥有较高智商的人适应能力更强，病症会较轻。

智力也是抵抗病理的保护性因素！

结 语

在写这本书的过程中，我经常停下来，在我的大脑中或在我的电脑上，我问自己：是否所有这些都纯粹是一些空想？资优者会不会根本不是我所描述的样子？那些无知的中伤者会不会是对的？是否真的不需要关注得到大自然眷顾的资优者？

我向你们保证，我不止一次受到这些狡诈的质疑的纠缠！过了一段时间之后，我遇到一个儿童、一个青少年、一个家庭、一个成年人，在他们的故事中，在他们的绝望中、漂泊中，在他们的言谈中和态度中，我坚定的信心突然带着前所未有的力量回来了。我怎么能够认为这些人格不可思议的特殊性不属于被证实的临床事实呢？于是，在全面掌握这一事实以及得到科学描述、证明、确认了所有内容的前提下，我又充满热情地重新开始写作，传递这些理念的愿望更加强烈。我确定，你们是存在的，我已经遇到你们了!

希望这本书能够帮助你们认识到自己的优势，这么高的智力以及如此特殊的敏感性让你们的人格成了这样一种脆弱的力量。请你们清楚地认识到自己身上的每一个部分，要清楚地明白是什么让你们成为一个具有各种才能的特殊的人(尽管也有很多不足)。

好好利用自己的特殊性，并且大放异彩，世界需要你们。你们的成功也是所有人的成功。

你们要记得这样一个简单的道理：一个人可能曾经是一个普通的孩子，但却可以成为一名杰出的成年人。只要我们还活着，那么一切都还有转机。在我们人生的每个阶段，我们都可以选择一条全新的道路。一切都总是可能的。改变自己的道路，改变对自己的看法，改变对他人的看法，都是一次绝妙的历险活动。当然，这会让人害怕，但是前方有太多新的快乐！

尤其是，要保持孩子的心灵，保持天真的性格，保持你们迸发的创造性、令人震惊的敏感性、永远处于待命状态的好奇心以及你们沸腾的智力。保存好所有这些让你们成为与众不同的成年人的财富，一个永远不会成为“大人”的成年人！